謝玠揚的長化短說❷

跟著化工博士
聰明安心過生活！

謝玠揚……著

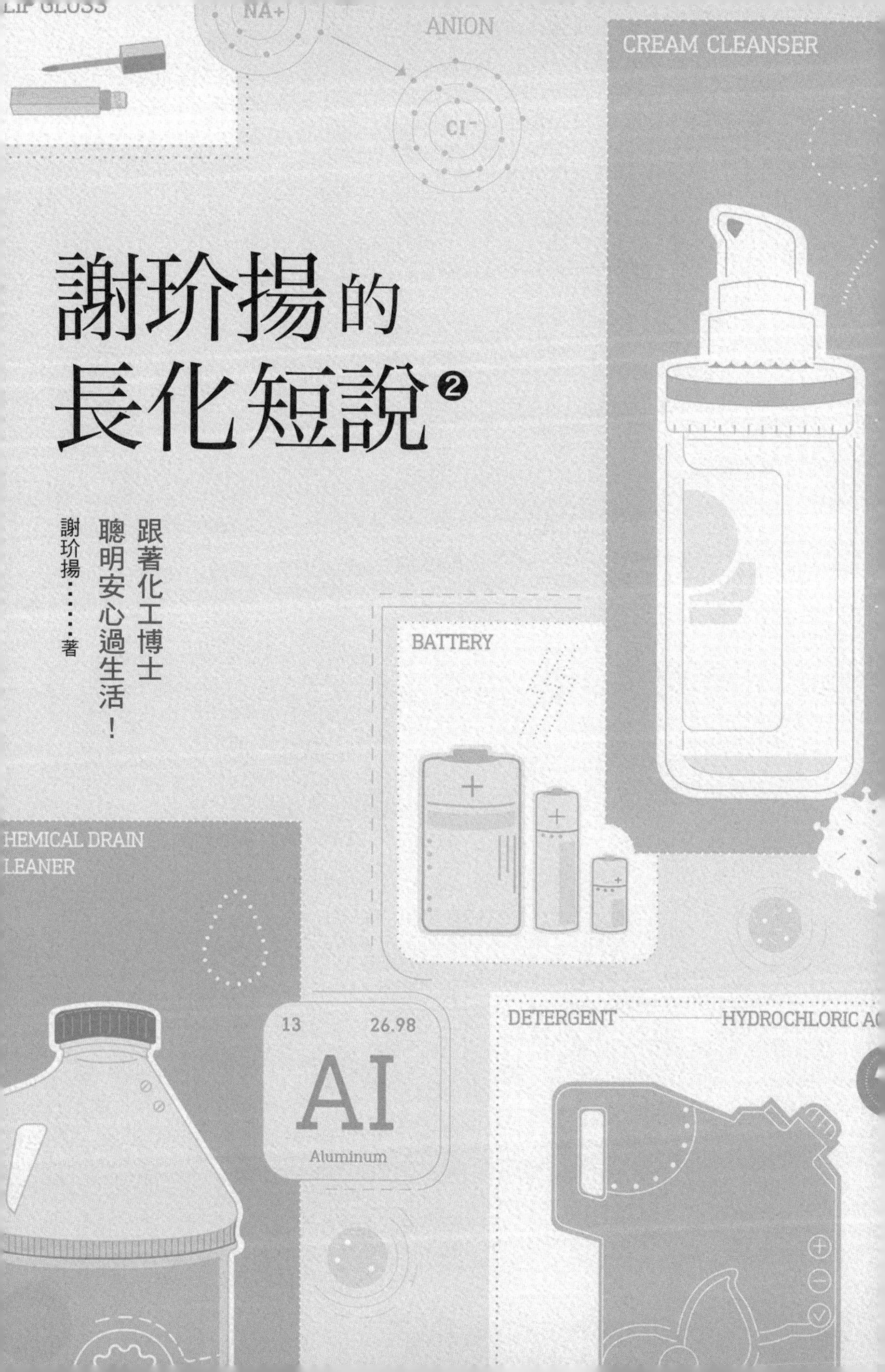

CONTENTS

目錄

CONTENTS

目錄

第五篇　愛美是人的天性

第六篇　人一定要有常識唷

CONTENTS

目錄

第七篇　我們只有一個地球

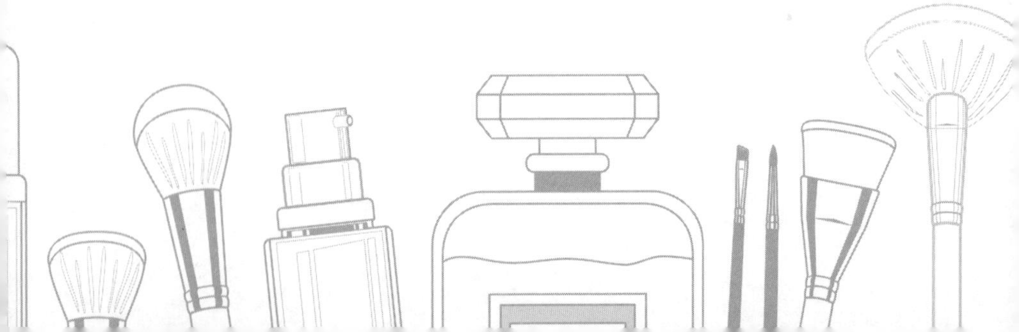

推薦序

AI時代仍不可或缺的化學素養

台灣大學生物機電工程學系教授兼系主任 陳林祈

一個寒冷夜裡，田妮妮在宿舍打code趕作業，因為手凍僵了code愈打愈慢。她想起抽屜裡有滕正男送的暖暖包，於是開抽屜、撕封套取出印有一隻像棉花糖狗狗圖案的暖暖包。反覆搓揉後，手暖了，接著田妮妮用這溫暖小物捂著冰冷的臉，想到滕正男的貼心，她更覺溫暖了。隨著暖暖包愈來愈熱，她心裡OS：「真神奇，搓揉數秒就變熱！」因冬天剛到，她決定到動感網路市集找找便宜、好用又好看的暖暖包。在琳瑯滿目廣告中，她一眼就看到最符合她氣質美的商品，那正是滕正男送她的，心有靈犀呀！這牌暖暖包還標榜一〇〇%無化學添加、奈米發熱快又久、無毒無害、環保可分解呢！會心一笑，田

妮妮決定掃貨買五箱。點選數量、輸入地址、確認結帳……大功告成後理應繼續打code趕作業，但她心裡又OS：「真神祕，究竟暖暖包是怎麼製造和作用的呢？上FB社團問大神好了……」才登入FB還沒找社團，動態時報就神奇地出現剛買的商品新聞：「日本野原公司遭踢爆其熱賣狂銷的棉花糖牌暖暖包驗出含塑化劑致癌物質且所用的奈米粒子會加速肌膚老化、皺紋生成，生產工廠還偷排放PM2.5……」一瞬間，田妮妮捂在臉上的暖暖包落下打到鍵盤，心中浮現隱隱恐懼。溫暖不見了，取而代之的是一陣涼意……，而在家裡的滕正男莫名打了噴嚏，他房間牆上那隻小白兔娃娃好像也跟著發抖起來……

故事雖是虛構的，類似情節卻常發生在你我周遭。我們享受現代化學科技便利的同時，也承載著化學源自中古世紀煉金術那份認知與記憶。時至今日，人們大抵已不相信煉金術士尼樂．勒梅還活著，更不相信有那麼一顆小哈利和佛地魔相互爭奪、可點石成金、煉製長生不老藥的魔法石真實存在，但我們仍對化學抱持類似的想像力。基於這樣的想像力，科學家和工程師攜手創造了媽媽會愛上露營的防風潑水外套、爸爸能輕易下廚煎蛋包飯的不沾鍋、阿嬤不必怕追劇追到iPad

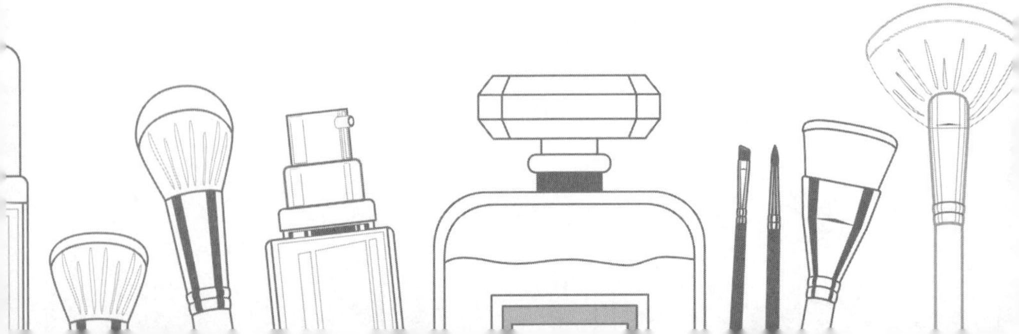

斷電的充電寶，以及能幫助阿公享受美食的降血糖藥。然而見證神奇之後，我們若不能知道其作用原理與限制，就會心存神祕感，讓江湖術士能找著操作誇大與恐懼的空間，進而讓我們買下或腦補這些誇大與恐懼。

那麼我們該如何知道現代化學科技的作用原理與限制，並學會判斷相關廣告說法、新聞報導與LINE轉傳訊息的真偽呢？當然教授們最喜歡大家回到學校來好好修課、考試並多多查閱科學文獻，最好還進實驗室培養點研究實證精神。但，這太難了，也不是終身學習的範式。對大多數人而言，比較可行、有效且可靠的方法，還是找本有趣、讀得下去、能對生活有益的科普書籍，從一篇篇文章中，累積自己的化學知識與鍛鍊科學思維。

在《謝玠揚的長化短說2》裡，作者謝玠揚博士承續前一冊《謝玠揚的長化短說》的幽默筆觸，應用自身紮實豐富的化工醫美知識與文獻分析能力，以案例與思辨對話方式深入淺出解說關於廚房衛浴、健康食品、疾病新聞、食安議題、美容保養、生化常識與環境保護等七個面向三十七個化學科普題材。其中許多題材都是當下新聞或網路社群熱議有關健康、安全與環境的FAQs。例如矽膠製用具可以放烤箱、微波爐嗎？不沾鍋的塗層為何？「塑膠湯匙」上的編號又代表著什麼意思、使用上要注意嗎？化妝品、保濕品的美麗祕密是？細菌、病毒有何差異？可分解的吸管真的那麼容易分解嗎？當然書裡也包含著田妮妮很想知道的暖暖包原理。因為與現代生活息息相關，《謝玠揚的長化短說2》讀起來頗類似現代版的《十萬個為什麼》，讀者在了解為什麼的同時也能增加科學知識、生活常識以及對廣告、網路消息的分辨能力。雖屬大眾讀物，但此書仍極富科學精神，尤其是作者能不斷引領讀者理性思考化學劑量效應與避免陷入顧名思義的無限腦補想像，進而還給化學其原本該有的科學定位與角色。

因與作者多年同窗情誼，很榮幸能在本書面世前先睹為快並為其作序。從大一到博士班期間，作者在同學們眼中，向來就是一個博學多聞、成績傑出、才華出眾並富有正義感的學霸型斜槓人物。畢業迄今，我除對作者創業有成與有榮焉外，也對他能保有如此熱誠、願將難說難懂的化學知識以生活故事誌方式介紹給忙碌、訊息過載的社會大眾感到相當敬佩。所以我很樂意將生平第一個推薦序獻給這樣一位像《解憂雜貨店》老闆那樣認真為大家解惑的作者。

最後願讀者從《謝玠揚長化短說2》中獲得樂趣與知識進而實用

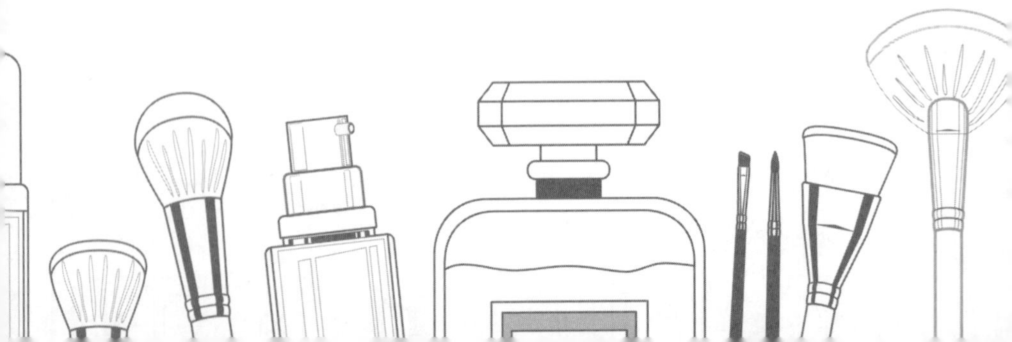

在生活的諸多方面。

話說此推薦序寫完後，聽聞謝博從FB私訊中收到一個提問寫道：「謝博，小徹說水喝多會導致身體一氧化二氫中毒是真的嗎？怎麼辦，我喝了好多水啊……」問題下方署名永遠五歲的新之助。謝博，是真的嗎？

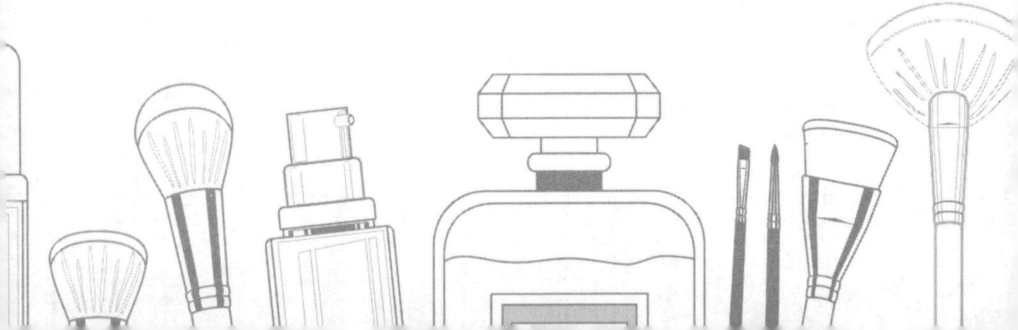

自序

為了救海龜，害了北極熊？——Less is more

看到海龜鼻子裡插著塑膠吸管奄奄一息的照片，每個人都打從心裡覺得難過、不忍。你覺得應該做些什麼改變這一切，於是立馬上網買了不鏽鋼吸管，替海龜盡了一份心力。但是，如果我跟你說，其實不鏽鋼吸管，不但沒有比塑膠吸管環保，還會害死北極熊！你一定會覺得我在胡言亂語。

但，這是事實。

製造一隻不鏽鋼吸管所耗用的各項資源、產生的碳排放，比塑膠吸管多太多太多倍了！再加上不鏽鋼吸管的清洗刷具、塑膠套，以及清洗時耗用的水、清潔劑……如果不鏽鋼吸管沒有重複使用達到一定次數以上，真的比一次性的塑膠吸管更不環保！

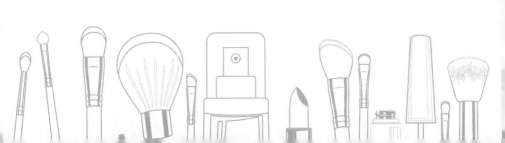

「謝博士，這只是你的猜想吧？」

二〇一八年二月，丹麥的環境及食物部發表了一份研究報告：考慮對環境的整體影響，常見的聚脂纖維購物袋需使用三十五次、紙袋要四十三次、棉布袋要七千一百次，有機棉布袋則要重複使用達二萬次以上，才會比傳統塑膠袋更環保。看到這份數字，再想想堆在家裡各式各樣的環保袋、購物袋、環保餐具：為了愛地球買下這些「環保商品」，卻沒有養成重複使用的習慣，北極熊的棲地已經因為製造這些商品的碳排放，而更加惡化。

所以，我們到底是真的為環境保護盡了一份心力，還是只是想讓自己好過一點，買了「贖罪券」，不但對環境沒有幫助，還造成更多傷害？

寫長化短說專欄四年多，累積了近百篇的文章。看著讀者們提出的各種問題，從對食品、生活用品安全的疑慮，到對極端氣候、環境破壞的焦慮，我常常覺得，在這些問題的背後，有一個共通的源頭，讓我們的生活籠罩在不安之中。

答案很簡單，就是「過度的慾望」。

每個人都想追求更美好的生活，期待新科技、新產品可以讓生活

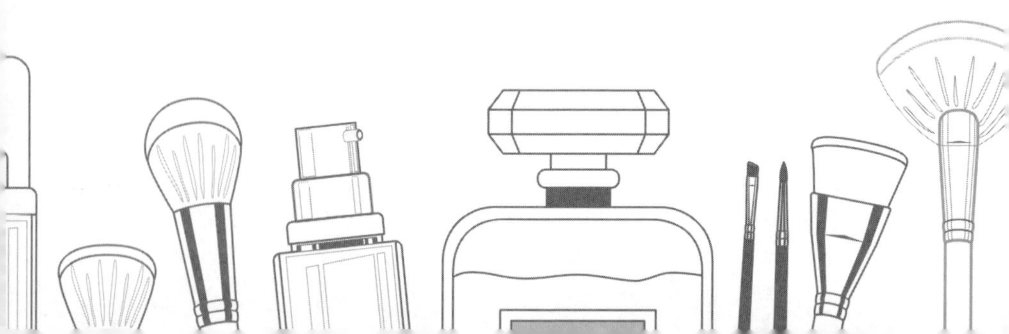

更便利。但是，「天下沒有白吃的午餐」，每個「便利」的背後，都是有成本的。但對美好生活的過度渴望，讓我們產生「執念與盲從」，只接受願意相信的，而不願面對現實與真相。

因為渴望健康，看到「天然有機」、「植物來源」就不分青紅皂白百分百的信任而過量使用，最後傷了荷包也傷了身體；知道抽菸對身體不好，又想享受抽菸的樂趣，於是改抽電子菸，卻不願面對電子菸也有健康風險……這些「執念與盲從」，最後的結局，往往都是不但沒達到所追求的目的，反而付出意料之外的代價。如同一開始提到的不鏽鋼吸管：讓家裡多出一堆衝動消費的「垃圾」，而地球也在哭泣。

追求更美好的生活的「慾望」，讓我們變得盲目與無知；而過於豐富的物質供給，更讓我們忘了分辨哪些只是衝動性的趕流行，哪些才是真正的需求，把「想要」跟「需要」混為一談，使「慾望」一發不可收拾。過多的慾望，伴隨產生的是更多的恐懼與煩惱，以及更多的資源消耗，不只無法安心過生活，也讓地球環境遭受無情的破壞。

想安心過生活、同時愛護地球真的一點都不難！除了從科學角度去說明、解釋，讓大家心安之外，我更想跟大家分享的概念是：Less

is more。靜下心來想想，我們真的有需要那麼多嗎？分辨「想要」與「需要」，減少不必要的消費與浪費，就是最好的開始：逛街時看到可愛的環保餐具，先想想家裡是不是已經有了，就不會害了北極熊；出門自備水壺，不會產生瓶裝水的垃圾，也不用擔心喝下溴酸鹽、微型塑膠；與其盲目相信「超級食物」，花大錢追求快速減重，不如均衡飲食、適當運動來得經濟、健康，無風險。

安心過生活，就從現在開始。身體力行，減少不必要的消費，就是保護自己最有效的方式，就是地球永續的機會。

「那……謝博士，到底要不要用不鏽鋼吸管啊？」

嗯，好問題。想要同時保護海龜跟北極熊，最好的選擇就是：Less is more，盡量少用吸管。

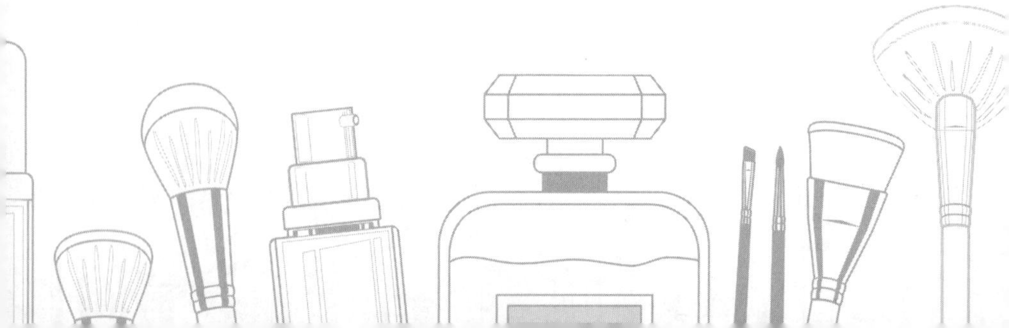

第 1 篇

家事的核心
就是廚房廁所

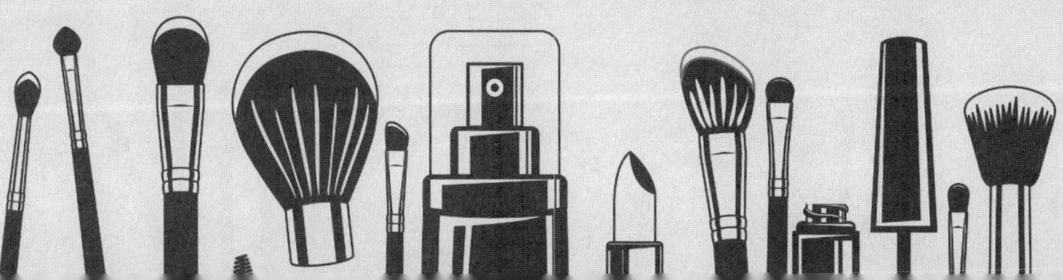

XXX綜合報導

硅藻土腳踏墊吸水力強，又能快速乾燥避免發霉，在這幾年一直是民眾最愛的居家用品。有人認為「珪藻土站上去水就快速被吸乾，感受真的很棒」、「髒了我會刷一下再曬乾，曬乾吸水力會恢復」、「覺得比一般地墊好用，吸水超快」、「神器，我家用兩年以上了」、「硅藻土不要買網拍便宜的，不純，吸水力差」。但也有網友認為難用，「杯墊還行，地墊根本糞物」、「我很常進出廁所，個人覺得不好用，太容易髒」、「怕家人跌倒完全不考慮」、「難用超後悔，丟掉的時候也很難處理」……

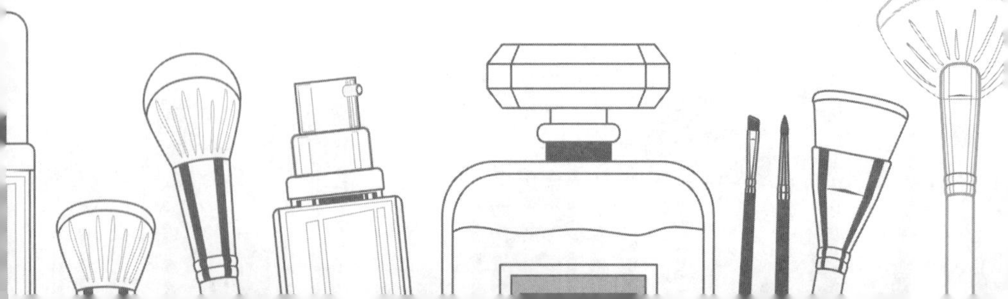

01 硅藻土吸水地墊，真的除濕防霉？水分都到哪裡去？

一連下了好幾天的雨，在辦公室帶來了一波防潮防霉的話題以及新的團購主題。

「上次你說的硅藻土地墊，我有在大賣場看到耶！真的好用嗎？聽說它的吸水力很好。」

「對！我最近又看到另外一款『珪』藻土的商品，聽說比硅藻土更厲害，可以放在抽屜跟衣櫃，既能除濕也能除臭！」

「這麼神奇啊？『珪』藻土？該不會又是什麼奇怪的化合物吧？」

「老大！快跟我們說明！」

硅藻土到底是什麼？

首先，硅藻土不是什麼奇怪的化學物質，它其實是天然物質。

「天然？」

是的。硅藻土／珪藻土是日文名稱，台灣一般稱作矽藻土。矽藻是一種水生植物，矽藻土則是矽藻的細胞壁沉積而生成的生物沉積岩。

「什麼！所以是活的？」

呃，不是。矽藻是一種單細胞生物，形體極細小，大概介於一毫米至三微米之間，能進行光合作用。矽藻生長速度快，能大量生長，所以死亡後，大量的細胞壁就會形成沉積岩。矽藻土裡的主要成分是二氧化矽，大概占八〇～九〇％。二氧化矽基本上是沒有毒性的。

矽、硅、珪有差別嗎？為什麼可以做成腳踏墊？

不少廠家也會在這個字上做文章，強調自己的矽藻土血統純正、尊爵不凡，但其實都是一樣的東西，矽藻土=硅藻土=珪藻土，所以不需要被行銷話術給影響。

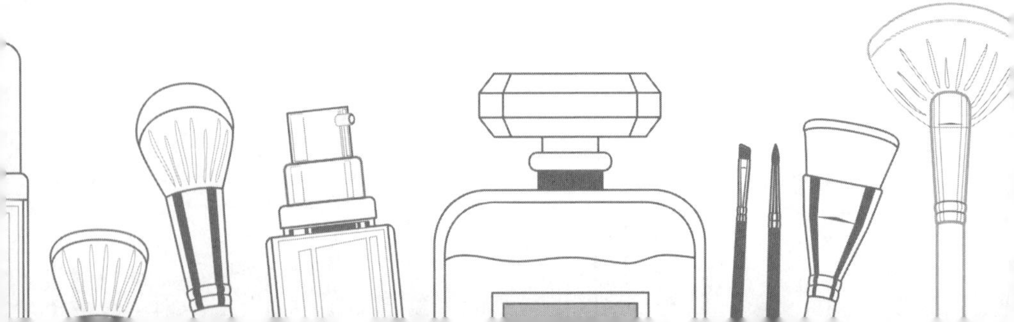

矽藻土最大的特色就是多孔隙，這也是矽藻土擁有極強吸水力的主因，而且水分也容易再蒸發，簡單的說，就是容易乾。因此，矽藻土踏墊比布料製成的腳踏墊更舒適，也不會整天都濕答答的。

因為多孔隙結構內部充滿空氣，所以矽藻土的隔熱、隔音效果，都比同厚度的水泥砂漿來得強，而且重量輕得多了。所以矽藻土近年來也是室內建材的寵兒。

至於市面上的商品提到矽藻土有除臭的功效，其實原理跟竹炭、活性碳、咖啡渣能夠吸附異味是一樣的：還是多孔隙。所以，矽藻土也有過濾的效果！游泳池的過濾系統也會使用矽藻土。

真的可以「抗菌、防霉」嗎？

有些產品包裝上強調「抗菌」、「防霉」功效，這是真的嗎？如同前面解釋，矽藻土其實是植物的遺骸沉積物，主要成分是二氧化矽，其中並沒有殺菌成分，充其量只能說因為能快速乾燥，在水分較少的環境下，細菌較不易生長，也較不容易發霉，不過經年累月地使用，並不能完全免除細菌滋生跟發霉的可能性。所以，別以為矽藻土

可以抗菌。

如何清潔保養硅藻土地墊呢？

雖然矽藻土的吸水力很好，可是當它吸飽水分時，是相對脆弱的，如果想延長矽藻土地墊使用的期限，首要原則就是要保持「乾燥」，不過矽藻土自己的乾燥力強，除非住在特別潮濕的區域，或是將地墊放在整天水氣蒸騰的地方，其實是不用特別每天將地墊晾乾——因為它會自己慢慢乾。

另外，由於吸飽水分的地墊相對脆弱，所以並不適合常常清洗，如果想清潔地墊，除了用清水清洗再搭配徹底晾乾之外，也可以直接購買砂紙磨掉髒污。請特別注意，洗後是晾乾不是曬乾，如果直接曬太陽曬過頭，矽藻土地墊是有可能會直接裂開粉碎的。

我不建議用清潔劑清洗矽藻土地墊，因為對多孔表面來說，界面活性劑的清潔效果並不好，而且有可能破壞多孔結構，造成吸水力下降。

基本上矽藻土地墊是沒有明確使用年限的，只要正確的使用與保

養，不要長期放在超高濕度的環境下，的確是一項可以長久使用的產品。但可別以為矽藻土產品是金剛不壞，整天讓它濕答答、又直接曬太陽，這樣亂使用，壞掉我可無法負責喔！

二〇一七年十月台北報導

台灣大學研一宿舍驚傳學生遭潑硫酸事件，造成一死三傷。二十三歲男子因分手後無法挽回台大碩士生前男友，潑對方硫酸後持刀割頸自殺，引起社會議論……

受害人全身高達六〇%面積遭硫酸灼傷，住進台大醫院加護病房，視網膜也遭硫酸腐蝕而受損，未來可能會有失明的危險……

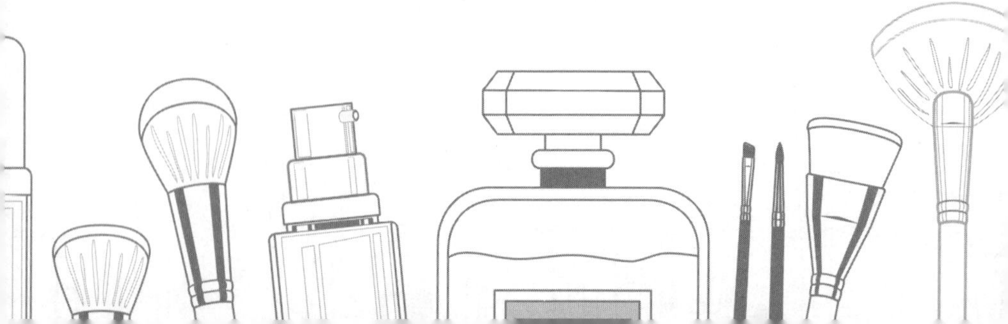

02 硫酸通水管、鹽酸掃廁所……誤觸強酸強鹼，跟著這樣解！

台大校園中發生的潑硫酸事件，震驚各界。聽到這則消息之後，除了對生命的逝去感到惋惜，也想跟大家分享更多關於硫酸、鹽酸等強酸在生活中的不同應用與注意事項。

硫酸在生活中有哪些應用？

硫酸是具有高腐蝕性的強酸，碰到水時會放熱。硫酸（特別是在高濃度的狀態下）可以迅速與蛋白質、脂肪發生水解作用，分解生物組織，也會使碳水化合物脫水，同時釋放熱能。

日常生活中，硫酸主要的應用有車用電池（鉛蓄電池）的電解液，以及水管疏通劑（因為可以分解毛髮、油污）。水管疏通劑使用

時需戴上手套，盡量保持水管的乾燥，並慢慢倒入疏通劑，避免硫酸遇水大量放熱造成噴濺。

需要稀釋硫酸時，要把硫酸慢慢加入水中，而不是把水倒入硫酸中，這非常容易造成硫酸噴濺，之前也有因為操作不慎發生意外事件，請特別小心注意。

誤觸時該如何處理？

隨著濃度增加，硫酸的危險程度也隨著增加。當肌膚接觸到濃硫酸時，除了因酸性造成化學灼傷之外，濃硫酸會不斷吸水造成組織脫水，同時放出熱量造成灼傷，因此形成的傷害會比其他強酸更嚴重。

如果皮膚不小心碰到硫酸，請立即用大量清水沖洗至少十到十五分鐘，水能夠將硫酸帶走，避免持續灼傷與脫水，同時迅速冷卻受損組織，防止情況惡化。

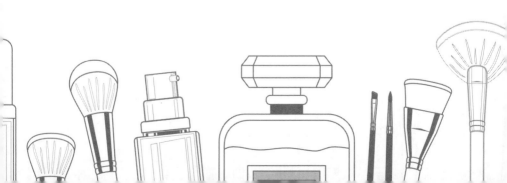

那常常被用來掃廁所的鹽酸呢？

鹽酸的學名是氫氯酸，是氯化氫的水溶液，有高腐蝕性而且有刺鼻氣味。其實每個人體內都有鹽酸，因為它就是「胃酸」的主要成分！胃酸可以讓食物中的蛋白質變性，幫助胃蛋白酶分解蛋白質，白話的說法就是促進食物消化啦！另外，也能抵禦細菌滋生。

鹽酸可以溶解碳酸鈣，所以可以清除水垢，在學校用鹽酸掃廁所應該是某些時代台灣人的共同記憶。不過，碳酸鈣也常用於黏貼磁磚的砂漿，所以鹽酸也會腐蝕磁磚間的小溝槽。

濃鹽酸開瓶後，瓶口會出現白色煙霧，那是鹽酸揮發後與空氣中的水分結合成的鹽酸酸霧，所以使用鹽酸打掃廁所時，需要特別注意通風，否則不小心吸入鹽酸酸霧，或是沾到眼睛、皮膚，都會造成不可逆的腐蝕傷害。所以不通風的衛浴、廁所，不建議使用鹽酸清潔。

此外，鹽酸跟漂白水（次氯酸鈉）混合，會產生氯氣，毒性跟刺激性都很強，需要特別留意。

硝酸

硝酸也是強酸，腐蝕性與硫酸、鹽酸齊名，濺到皮膚上也會引起嚴重燒傷。硝酸的主要用途多半是工業和實驗室中，日常生活中較少見。一般來說，濃硝酸皆以深色玻璃瓶盛裝，這是為了避免硝酸受光照後進行化學反應，釋出有毒的二氧化氮。

王水

十幾年前的清大溶屍案讓「王水」這個名詞聲名大噪，王水其實就是濃硝酸和濃鹽酸以體積比一比三混合而成，它能溶解金和鉑，非常少物質能做到這件事。也因為王水可以溶解金屬，所以它常應用在金屬提煉與蝕刻工藝的過程中。

誤觸強酸與強鹼時，該如何是好？

一般來說，誤觸強酸強鹼的急救處理方式，就是用大量清水沖洗

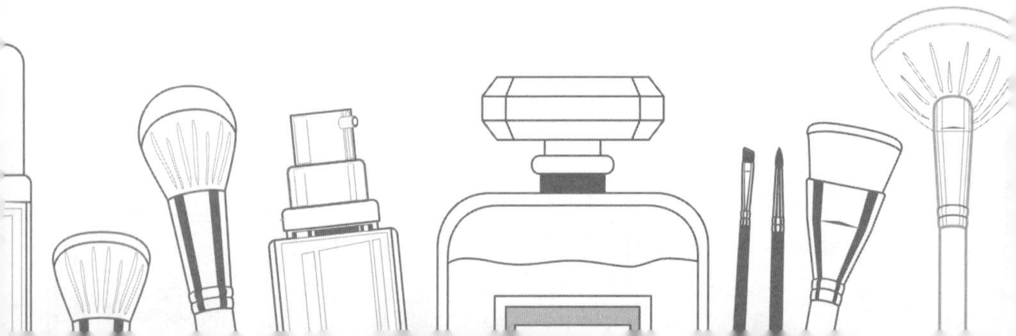

後就醫。不小心誤食強酸強鹼，千萬不要催吐，以免二次傷害。如果量不大（五十毫升以下），可以喝適量的水或牛奶，然後立即送醫。

如果量大，最好的方式就是立即送醫，不要自行處理。

綜合報導／台北市

許多婆婆媽媽煮菜時會用不沾鍋，因為比較省油，而且不易燒焦黏鍋，只是不沾鍋上的塗料到底會不會致癌，使用上有什麼注意事項，請鍋具專家來教我們。不管是豬五花，肉質細膩的鱈魚，甚至香煎牛排，不加一滴油，還能輕鬆翻面，只有不沾鍋做得到，但不沾鍋過去一直背著致癌黑鍋，因為鐵氟龍塗層可能釋放出致癌物全氟辛酸銨。為了增加鍋具耐用性，還會在塗層添加陶瓷，鈦和鑽石等成分。各有優缺點怎麼選，陶瓷易聚熱省瓦斯，但較易刮傷，鑽石鍋硬度高，但一個上萬元，不是貴婦很難下手，特別注意使用不沾鍋禁用鋼刷鐵鏟，而且只適合煎煮炒，最好不要拿來炸，一旦有刮痕，露出金屬底色就千萬別用……

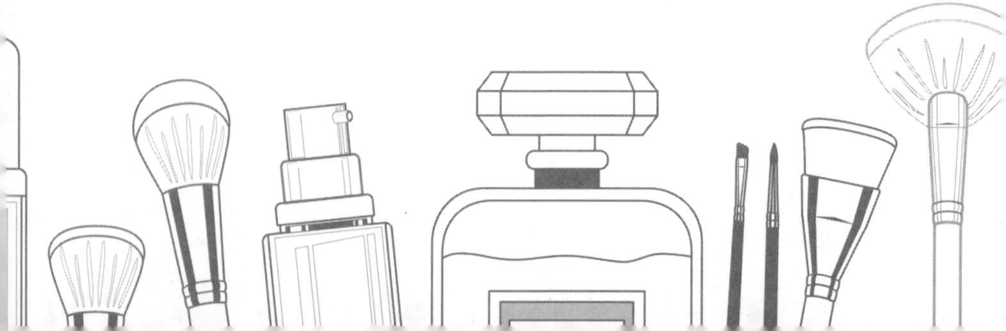

03 陶瓷鍋、鑽石鍋、鈦鍋到底是什麼？真的安全嗎？

如果你有在下廚，相信你對陶瓷鍋、鑽石鍋、鈦合金鍋等名詞一點都不陌生。市面上鍋具百百款，每年推陳出新的賣點，不外乎就是兩大類：跟火力有關的蓄熱、傳導速度，再來就是萬年不敗的銷售話術：不沾鍋。

為什麼鍋子會沾黏？

鍋子乍看之下光滑平整，但如果放大來看，在微觀結構上，會發現表面布滿很多孔洞。當烹煮食物時，食物本身或是湯汁受熱水分揮發後，會「抓住」這些孔洞，這就是所謂的「沾鍋」。而想要不沾鍋，基本上作法有三種：

一、讓鍋子跟食物間有「不沾塗層」
二、讓鍋子表面有「不沾塗層」
三、整個鍋子都是不沾材質

第一種「不沾塗層」，聽起來很玄，實務上，其實幾乎每個媽媽都會：最基礎就是用「油」，只要油加得夠多，幾乎都不會沾鍋，這招雖然好吃可是也比較不健康。厲害一點，就是利用萊頓弗斯特現象（Leidenfrost effect）——當鍋子夠熱，水滴下去會在鍋底滾來滾去。這是因為液體接觸到遠超過其沸點的表面時，會形成一層蒸氣膜，利用這個效應，也可以達到不沾鍋的效果。這就是常聽到「空燒」、「熱鍋冷油」、「瀝水再下鍋，別讓鍋冷掉」等等「不沾鍋撇步」的原理。

不過，對於一般大眾來說，其實真正最方便、懶人最喜歡的，還是第二種：鍋子表面有不沾塗層——也就是使用結構細密，孔洞較小的材料，塗布在鍋子表面，讓食物、醬汁不易沾黏。所謂的「鑽石塗層」、「太空科技鈦合金」、「奈米陶瓷」、「超細石英」等等超炫的「夢幻塗層」，都屬於這一類。當然，還有不沾鍋的開山始祖：

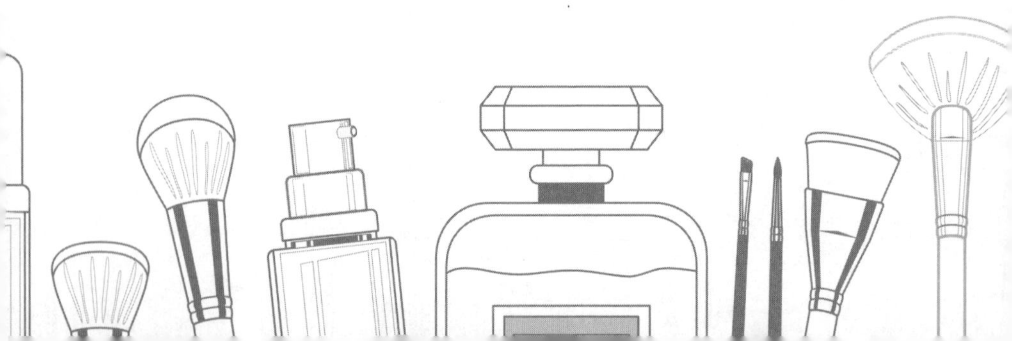

「鐵氟龍」。

鐵氟龍是什麼？

其實鐵氟龍（Teflon）並不是一種材料，而是一個商標。鐵氟龍是聚四氟乙烯（Polytetrafluoroethylene, PTFE）的塗層，因為商標名稱Teflon®，在台灣常叫它「鐵氟龍」，是美國杜邦公司發明的一種耐高溫樹脂，發明之初還被美國列為軍事機密呢！後來用在鍋具塗層上，就成了歷史上第一批不沾鍋。鐵氟龍耐酸耐鹼，摩擦係數又低，到目前都還是主要的不沾鍋塗層材料。

但要注意的是：鐵氟龍使用安全與否，完全取決於使用溫度。當超過三百二十七度C，鐵氟龍會開始分解，釋放出有毒的氟化物，一般建議不要超過二百六十度C。如果烹調的食物油脂含量比較高（肉類），或是使用較多的食用油（煎、炸、大火炒），很容易就會超過二百六十度C，就不建議使用了。此外，如果用木炭烤肉，溫度也很容易超過二百六十度C，因此也不建議使用鐵氟龍材質的烤盤。

再來，聚四氟乙烯本身的硬度不高，所以如果使用金屬製的鍋

鏟，很容易因碰撞造成塗層掉落、刮花，一來影響不沾鍋的表現，再者這些碎屑吃下肚絕對不是好事。所以，記得使用木製的鍋鏟。整體來說，鐵氟龍不沾鍋比較適合簡單的料理。大火爆炒、熱油煎炸，都不適合。

「之前不是有新聞說，鐵氟龍會致癌嗎，為什麼不禁用？」

二〇〇五年，美國環境保護署發現，生產聚四氟乙烯過程中使用的原料之一全氟辛酸銨（PFOA）可能具致癌作用、也對身體有其他不良影響。美國食物藥品監督管理局（FDA）與歐盟都已對PFOA的使用提出標準，美國環保署更要求八家主要廠商二〇一五年起停止使用PFOA。以鐵氟龍不沾鍋來說，只要購買來路清楚的品牌，而且正常使用，基本上PFOA所造成的危害，遠遠小於因為烹調過程不當（比方說：燒焦）造成的危害，不需要太過擔心。

不喜歡鐵氟龍，你還有其他的選擇

針對鐵氟龍的安全疑慮，其他具有不沾性質的塗層，也紛紛被開發出來，像是：陶瓷、石英、鈦金屬等等。

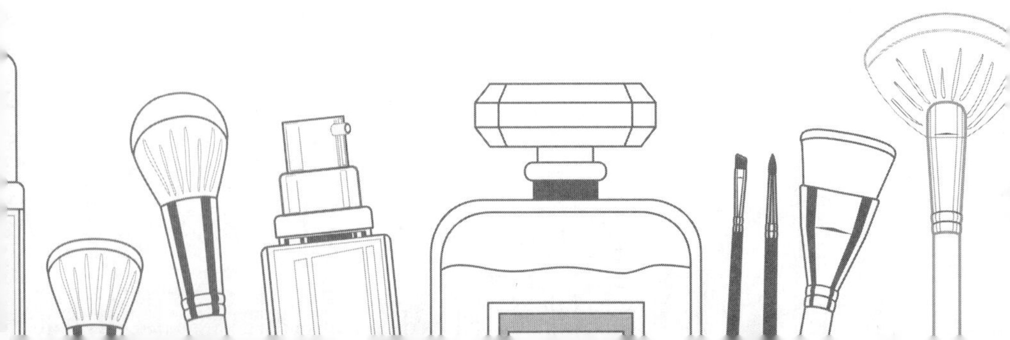

陶瓷可以耐高溫，但跟鐵氟龍一樣不耐碰撞，所以也要避免使用金屬製的鍋鏟。一般所謂的「鑽石塗層」，其實就是陶瓷。類似的材質還有石英／玻璃塗層，特性也很類似。

無敵的鍋，鈦鍋！

鈦金屬塗層中的「鈦」是一種金屬元素，重量輕、強度高、耐酸抗鹼，也耐高溫，正常情況下在廚房裡不可能搞出它受不了的溫度。不過鈦本身比較昂貴，如果是整個鍋子都是用鈦做的「全鈦一體成形鍋」，更是貴的不得了，大家可以衡量一下自己的經濟實力以及使用頻率，決定要不要花大錢入手。

「塗層」不沾鍋，較不適合中式料理

最後再次提醒大家，只要是「塗層」，不管是鐵氟龍，還是陶瓷、石英、「鑽石」，都怕撞擊，所以不要使用金屬鍋鏟，烹調時也要注意，不要刮、不要敲。此外，因為熱膨脹係數不相同，塗層類的不沾鍋，我都不建議大火、空燒，這很容易造成塗層脫落。所以，如果你是中式料理愛好者，常常用燒鍋、爆香、大火快炒等方式做菜，就不建議使用不沾鍋了。好好存錢買鈦鍋，或是加緊練習技巧，利用Leidenfrost effect，讓水蒸氣幫你達到不沾鍋的效果吧！

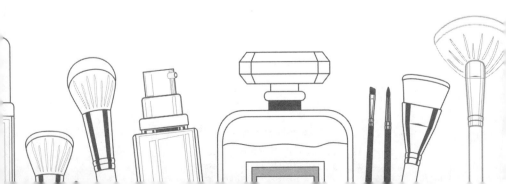

二〇一八年二月報導

日前傳出因國際紙漿價格上漲，國內衛生紙價格跟著喊漲，引起消費者瘋狂搶購，造成社會議論紛紛。公平交易委員會認定是某大賣場發布衛生紙漲價不實訊息，誤導大眾，引發衛生紙搶購及供需失調，依法處以新台幣三百五十萬元罰鍰。

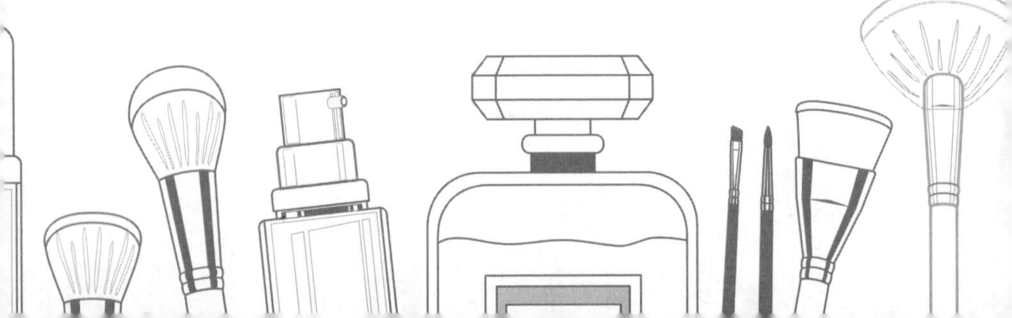

04 白色衛生紙，不見得更乾淨！

農曆年後最有趣的新聞莫過於「衛生紙之亂」了！撇開各種媒體報導，先來看看此次衛生紙漲價的主因：衛生紙的原料占總成本的四八％，也就是說國際原生紙漿的成本上漲，是這次漲價的主要原因。

「原生紙漿？是指砍樹做成的紙漿嗎？」

沒錯，就是你想的那樣，用個比較好笑的說法：多少樹木因為「屎」而倒下。但其實除了原生紙漿外，其實還有另一種選擇：「再生紙漿」

「再生紙？有再生紙做的衛生紙嗎？」

在台灣，大家對再生紙漿製成的衛生紙可能有點陌生，但在其他國家可不一定：根據經濟部二月底發布的資料，台灣使用再生衛生紙的比例只有五％，遠低於日本六五％、歐美五〇％以上。如果要問，

台灣人為什麼不喜歡使用再生衛生紙，原因不外乎是：

「顏色看起來髒髒的！」

「用廢棄的紙做的，感覺很不衛生！」

「這等於把別人用過的衛生紙拿來擦屁股，好噁心唷！」

嗯……看著這幾年的顯學「文創商品」，有不少都以再生紙的外包裝營造環保、天然、質樸的氛圍，獵取消費者的青睞，再回頭想想台灣五％的再生紙衛生紙普及率，我只能說：誤會真的大了！

別以為白的衛生紙就比較乾淨

首先，再生紙的原料來源是辦公室用紙、印刷業裁邊、回收紙箱、紙盒等，絕對不是別人上廁所用過的衛生紙！再來，再生衛生紙的製程，紙漿會經過四百度C以上的高溫殺菌程序，所以「衛生」問題也不需要擔心的。

再來，你真的以為白色的衛生紙就比較乾淨嗎？前面有提到，衛生紙的原料來自原生紙漿，也就是砍樹做成的紙漿。有人看過純白色的樹木嗎？事實上，純白色的衛生紙，是經過脫色、脫墨、漂白等加

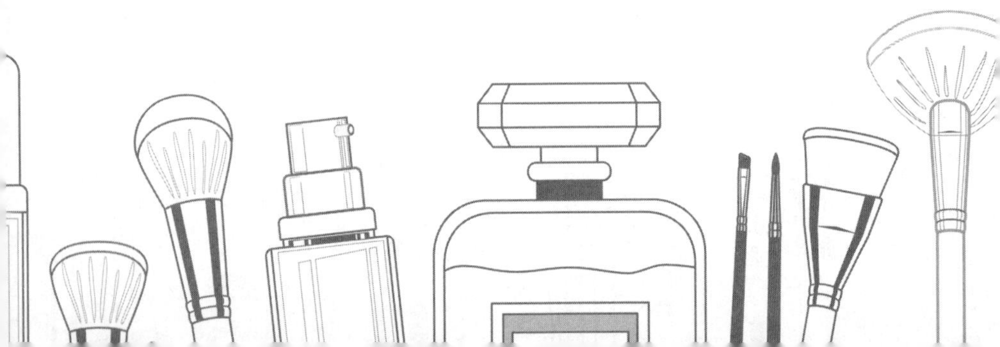

工處理，才有的產物。也就是說，「白色」只是乾淨的假象，更別說有些不肖業者可能會添加螢光劑讓紙看起來更白。

再生衛生紙既環保又沒有衛生疑慮，而且可以就地取材，不見得需要進口，所以價格也比較不容易受到國際原物料價格波動的影響，真的可以認真考慮使用再生衛生紙！

衛生紙到底可不可以丟馬桶？

從二〇一七年七月起，環保署開始宣導「衛生紙請丟入馬桶」的新觀念，這跟過去在公共空間常看到的標語「衛生紙請勿丟馬桶，容易引起堵塞」的印象完全不同，到底為什麼會這樣呢？

紙漿的原料有分長纖維與短纖維，衛生紙的原料是短纖維，跟長纖維製成的面紙、濕紙巾相比，在正常的使用量之下，的確不容易造成馬桶阻塞；此外，將衛生紙丟入馬桶還有減少異味、減少傳染病與細菌孳生的可能，也可以減少蚊蠅孳生。如果確認自己使用的是衛生紙，而不是面紙，就請放心的把它丟到馬桶中吧！

「那為什麼以前不能丟？」

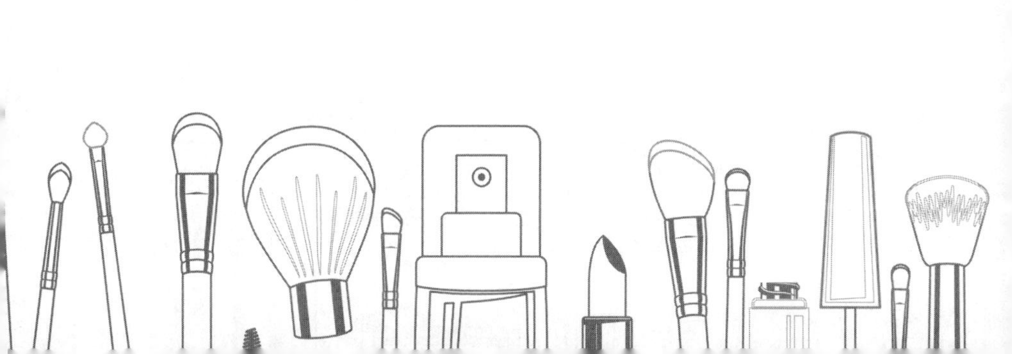

過去請大家把衛生紙丟到垃圾桶中，是因為：衛生紙丟入馬桶雖然不會造成阻塞，但是也需要經過較長的時間才會完全分解，所以當衛生紙丟進馬桶中，的確可能讓抽水肥的間隔時間變短，無形之中也增加了成本。

現代社會中，許多事情的抉擇都是兩害相權取其輕，所以會有「昨是今非」之感。舉個典型的例子：免洗餐具。

八〇年代台灣肝炎盛行，成為嚴重公衛問題，當年政府大力推動免洗餐具，的確有效的降低肝炎傳染率，讓台灣打贏對肝炎的戰爭。現在滄海桑田，肝炎控制得很好，環保卻成為首要考量，於是，就開始推廣減少使用免洗餐具。由此可見，我們不能武斷地用「昨是今非」來評論這種現象：因為每個時空環境下，都有當時最亟需解決的問題。

回到衛生紙，未來上完廁所後，就直接丟進馬桶吧！當然，也不要因為是在公共場所，衛生紙不用自己出錢，就狂用猛用用力用，鋪滿馬桶蓋鋪滿地板，這些成本遲早都會以其他形式讓大家共同承擔的。有心做環保，最重要的事就是「盡量不要浪費」，使用自己真正需要的量就好，因為任何事物都是有成本的：不是不用付，只是時候

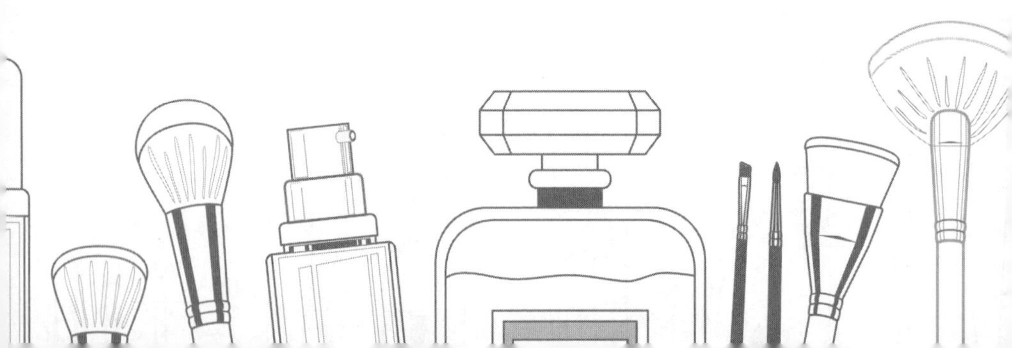

未到而已。

那，到底要不要去搶衛生紙呢？

「說了這麼多，到底要不要去搶衛生紙？」

讓我先算題數學給你看，一包一百一十抽的知名品牌衛生紙，大概十三～十五元，我們就算十五元好了。以最高漲價幅度三％計算，相當於一包漲價四．五元，一抽貴了〇．四一元。假設每天使用二十張衛生紙，一年下來，約莫是省了，嗯，二九八元，一天省不到一元。如果是平板式衛生紙，因為更便宜，所以省得會更少。你真的覺得有必要嗎？

這波「安屎之亂」最有趣的是：展現了消費者的不理性。我還是老調重彈：累積更多知識、理性思考，除了選擇自己想要的生活方式之外，也可以有更多理性的行為。

XXXX報導

隨著健康意識抬頭，越來越多民眾選擇自己DIY，烘焙小點心，真材實料又安心。為了要減少油量，吃得更健康，不少人會使用矽膠模具代替金屬模具，不用上油就很好脫模；再加上重量輕、可以任意折疊，收藏起來很方便，矽膠模具越來越流行。但是五顏六色的矽膠模具，真的可以耐高溫嗎？不會有塑化劑溶出嗎？這些安全上的疑慮，困擾不少消費者……

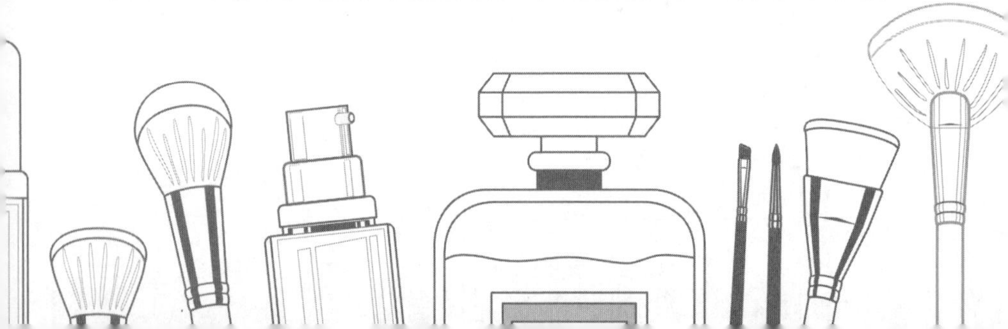

05 矽膠製用具可以放烤箱、微波爐？請先搞懂這三件事

最近辦公室開始流行烘焙，所以各式各樣的烘焙道具是團購的焦點：

「老大，為什麼矽膠製的烘焙用具，可以放進烤箱啊？它真的耐高溫嗎？」

「妳買錯了啦！我買的是矽利康的，比矽膠的好，超棒的！」

嗯，連名稱都搞不清楚，看來，這次我們得從物質的名稱開始說起。

必也正名乎

大家一般說的矽膠，其實代表了兩種完全不同的材料。

第一種指的是英文的 Silica Gel，這是一種多孔的二氧化矽水合物。雖然名稱裡有 Gel 這個字，但事實上是固體。Silica Gel 是一種吸水力強的乾燥劑，日常生活中很常見：健康食品罐子裡小包的乾燥劑，將它撕開來，裡面透明或是乳白色的小顆粒就是。

Silica Gel 是有毒的，會對皮膚、黏膜造成刺激。所以千萬不要讓小朋友吃下肚子裡！

至於第二種矽膠，生活中也很常見：那就是廚房浴室填縫、防水、收邊的「西哩控」。

「西哩控」的正式名稱是「矽氧樹脂」，俗稱矽利康（Silicone, polymerized siloxanes 或 polysiloxanes）。它是一種矽氧聚合物，雖然分子中含有矽原子（Silicon），矽氧樹脂與矽的英文名稱又只差一個 e，不過兩者是不一樣的物質。

矽氧樹脂是一種聚合物，由小分子連接而成的數千條長鏈所組成，依據分子鏈的長度和連接的原子團的不同，會形成各式各樣的物質。

因此，矽氧聚合物不只是工地師傅會用來填補浴室縫隙的「西哩控」，也是汽機車的煞車油（液體）、隆乳手術的植入物、保養品中

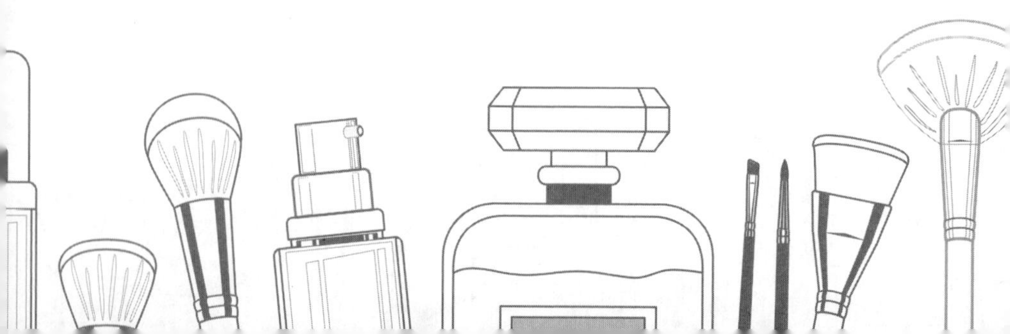

的油性成分（潤滑油或唇膏）、小朋友玩的傻瓜黏土、彈力球，還有就是做小餅乾的烘焙模具。另外，也有人稱矽氧樹脂為「矽橡膠」。

「矽利康」也是一種合成橡膠？

「矽橡膠？所以它跟橡膠也有關係囉？」

嗯，應該這麼說，所有人工製造的高彈性聚合物，都被稱呼為「合成橡膠」，這是因為它們跟天然橡膠都有一樣的特性。所以矽氧樹脂也是一種「合成橡膠」沒錯。

矽膠（矽氧樹脂）製廚具的優缺點

「所以矽氧樹脂可以耐熱嗎？使用起來又有什麼需要注意的呢？」

矽氧樹脂熱穩定性很好，在負一百度C至二百五十度C間能保持穩定，所以可耐受烤箱的高溫，不會像塑膠有物質溶出的問題；另外，它的分子很長且緊密連結，不容易因溫度改變而有熱脹冷縮，所以在高低溫環境之間轉換時，不會像玻璃、瓷器有裂開的疑慮，可以直接從冰箱放入烤箱；至於能不能拿它放入微波爐呢？由於盛裝的容器會直接接觸到加熱的食物，不能保證溫度一定都會在二百五十度以下，所以微波爐的部分，我的建議還是以陶瓷、玻璃製品為主。

另外，矽氧樹脂的化學活性很低（chemically inert），不會跟食物中的酸、鹼反應；它也有防沾黏的特性，意思就是不容易有沾鍋的問題，在製作糕餅甜點時，脫模不會有太大的問題。

「聽起來是很完美的用具！」

如果真的要說缺點，矽氧樹脂是電絕緣體，容易累積靜電，放在櫃子裡很容易累積灰塵。

說到底，矽氧樹脂是一個統稱，並非單一種化學物質，各個廠牌會有不同的配方，各位在購買廚具用品時，請特別注意產品標示的耐熱溫度，並且依照自己的需求，購買合適的用品囉！

XXX新聞報導

蟑螂的生命力太頑強了，所以被稱為打不死的小強，家裡勤打掃，即便再乾淨都會發現仍有蟑螂出沒，此時想滅蟑螂通常會拿東西打死或是使用殺蟲劑，但蟑螂實在愈來愈難殺了，不少報導都指出，蟑螂對多種殺蟲劑已經有了抗藥性；那麼害怕蟑螂的民眾，究竟要怎麼殺蟑才有效？

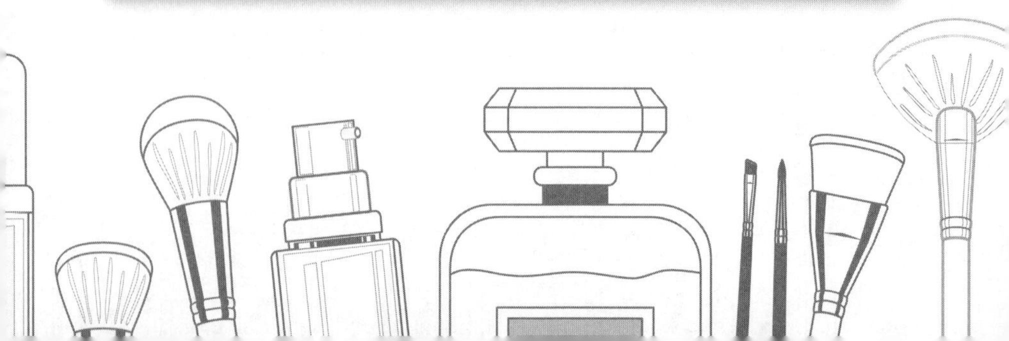

06 殺蟑不毒人的祕訣

「啊啊啊啊啊！蟑螂！」

每當小強出現，就會出現這樣的尖叫。蟑螂，彷彿已是都市人類生活中的最大天敵。

「博士！你家都用什麼殺蟑藥？」

好問題！市面上的殺蟑藥五花八門，網路上也有各種殺蟑祕訣。今天整理了較常見的殺蟑方法與蟑螂藥，讓我們來看看這些方法背後有效的原因到底是什麼吧！

肥皂水、酒精真的有用嗎？要怎麼噴才有用？

相信不少人都聽過用肥皂水可以殺蟑螂。有沒有用呢？有用！

蟑螂是透過腹部上的小孔呼吸，小孔外面有一層油脂。肥皂裡的界面活性劑會溶掉蟑螂腹部的油脂，破壞蟑螂的呼吸機制，讓小強一命嗚呼！所以其實有界面活性劑的清潔劑都有效，舉凡洗碗精、洗衣精、洗髮乳、沐浴乳等等，都是ＯＫ的。不過這個方法有個小缺點：要對著腹部噴才最有效。如果是噴在蟑螂背部，要等肥皂水流到腹部才會有效。

酒精其實也有類似的效果：因為酒精也可以溶解油脂。不過酒精揮發快，如果噴在背部，要噴多一點，才有足夠的量流到腹部發生效果。

以上兩個方法有一個附帶的好處：有殺菌的效果！殺蟑之後，也一石二鳥順便做好清潔殺菌了！

居家殺蟑螂的藥，又該如何選擇？

如果是使用殺蟲劑或是蟑螂藥，該怎麼選呢？目前市面上的殺蟑藥主要以硼酸、水煙式殺蟲劑、凝膠餌劑三種為主。

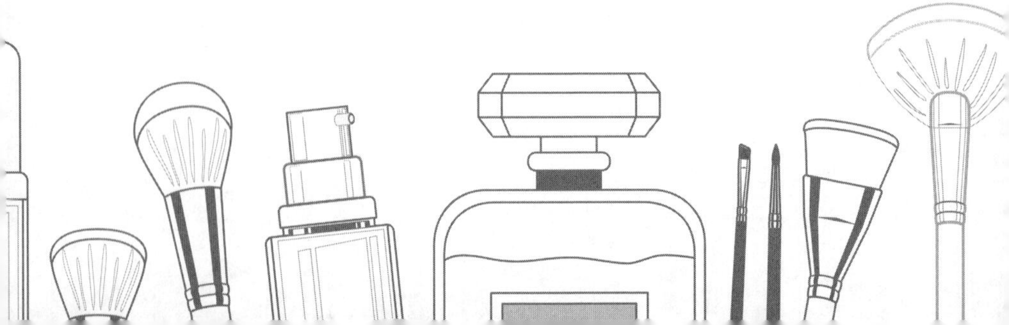

硼酸

硼酸被美國國家環境保護局（Environmental Protection Agency）用作控制蟑螂殺蟲劑。硼酸的殺蟑原理是，硼酸會影響蟑螂的新陳代謝並腐蝕牠們的外骨骼。一般會把硼酸加入砂糖，或是其他的食物餌，讓蟑螂吃下去後生效。不加其他食物其實也是可行的，蟑螂雖然不會直接吃，但是當腳上沾到硼酸，蟑螂用嘴舔腳的時候，還是會吃到。

提醒大家，硼酸對人體是有毒性的：成人的致死量約為每公斤體重十五～二十克，而小孩為每公斤體重三～六克。所以有嬰幼兒的家庭，較不建議使用。

水煙式殺蟲劑

水煙式殺蟲劑的主要成分是除蟲菊酯（Pyrethrin）。除蟲菊酯最早是從除蟲菊提煉出來的，對昆蟲的毒性很強，但對人的毒性較低，因此很適合用作殺蟲劑。不過，除蟲菊酯的光穩定性很差，陽光照射就會分解、失效，所以只適合在室內使用，對蚊子、蒼蠅、蟑螂、螞蟻

都有不錯的效果。

水煙殺蟲劑的主要原理是利用熟石灰碰水之後發熱生煙，將除蟲菊酯帶到整個空間中，所以使用時請將門窗關好，抽屜、櫥櫃打開，食物、飲水要封好；魚缸要記得封起來，免得除蟲菊溶進去讓小魚小蝦也遭殃。使用時人不要待在室內，大概過五、六個小時後再回家，打開窗戶通風、餐具使用前用清水沖洗即可。它對人體的毒性較低，我自己也習慣用這樣的方式，保持居家環境。

另外，如果家裡有裝煙霧警報器，要注意是否會被啟動，以免虛驚一場；如果有搭配自動灑水器也得事先確認，免得蚊蟲蟑螂沒殺到，還要整理灑水的災情，那真的就糗大了。

除蟲菊酯除了用於水煙式殺蟲劑，也常被用於噴罐式的殺蟲劑，如果看到成分寫著賽滅寧（cypermethrin），就是其中一種。

凝膠餌劑

凝膠餌劑主要的殺蟑成分是愛美松（Hydramethylnon），一種含氟的碳氫氮化物。愛美松會導致昆蟲活動力下降，逐漸失去呼吸能力。

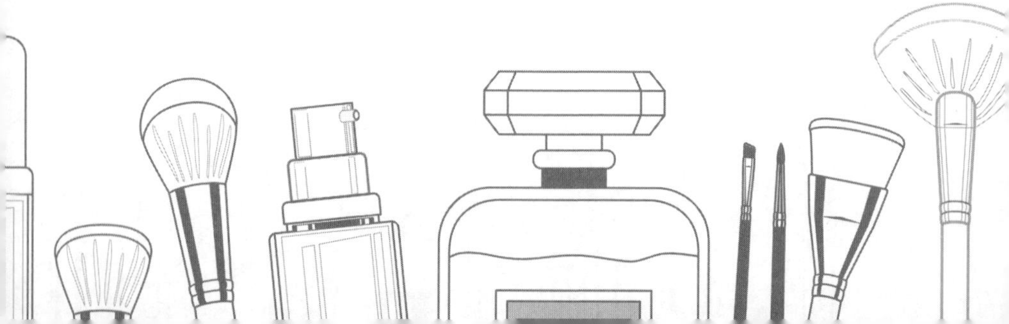

不過它的效果比較慢，蟑螂或螞蟻食用後大概要三～四天才會死亡。不過當蟑螂死在蟑螂窩裡，會有「連鎖感染」效果：其他蟑螂接觸死去同伴的屍體或是糞便時，就會造成連鎖效應。因此凝膠餌劑在將蟑螂「一網打盡」的效果比較好。

提醒大家，愛美松的使用在各個國家有不同的看法，在美國、加拿大、澳洲等國家被准許使用，但歐盟於二〇〇二年十一月決定停用愛美松，原因是，懷疑愛美松可能導致人體致癌。

「謝博，你的看法呢？不要打模糊戰！」

愛美松對人體的影響正反兩方意見都有，也都各自有研究支持，算是一個典型的未定論。我沒辦法給一個yes or no的答案，只能說：我家有在用啦！

使用凝膠餌劑時，大家通常會有這樣的想法：將凝膠餌劑放在蟑螂會來吃的廚餘旁邊，以為會達到捕鼠器的效果。切記！凝膠餌劑不要放在廚餘附近。原因是，對蟑螂來說，沒有任何一種蟑螂藥會比廚餘更美味，放在一起就像是新鮮食物對冷凍食品的概念，蟑螂絕對會繞過餌劑接觸廚餘，而過了一兩週後，蟑螂不吃的餌劑，也會慢慢失去效用。

打不死的小強，其來有自

蟑螂的繁殖力很強，一對德國蟑螂一年可繁殖出十萬隻後代，而且牠們可以在極度惡劣的環境中存活。蟑螂不只是看起來噁心，更因為牠穿梭於食物和垃圾之間，會傳播多種疾病的病原體！

這篇談了殺蟑螂的藥物，但其實我衷心建議各位還是多多注意居家環境清潔，減少廚餘、雜物堆積，減少蟑螂的食物來源與居住空間，再搭配定期使用殺蟑藥，才能有效降低蟑螂對生活的危害。

第 2 篇

超神奇的健康產品，真的有效嗎？

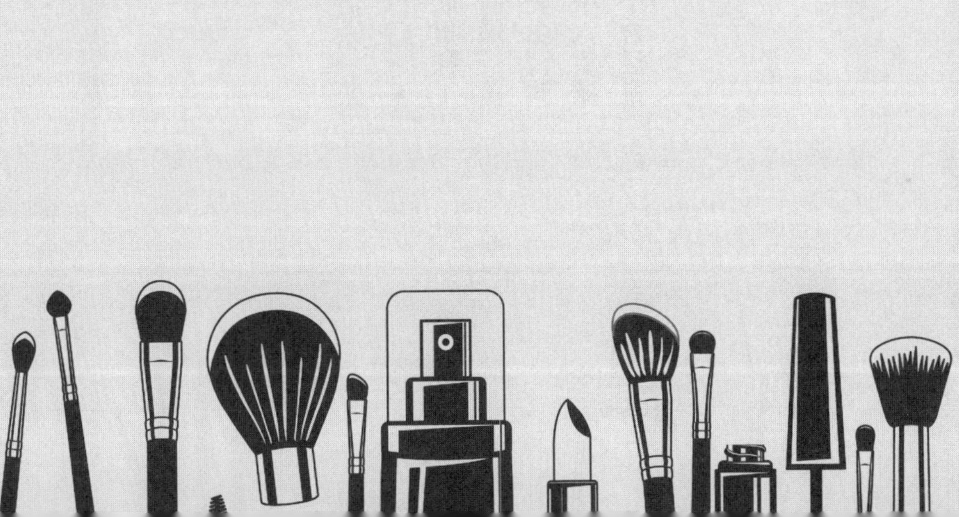

XXX報導

俗話說，頭髮是女人的第二張臉，看準女性always追求一頭柔順的秀髮，吹風機產品推陳出新、琳瑯滿目，像是二〇一五年風靡一時標榜含有負離子、奈米水離子的日系品牌吹風機，即便一台要價不斐仍造成搶購熱潮，最近更有售價高達一萬五千元的機種上市。為打破價格迷思，新北市消保官委由台灣檢驗公司SGS，針對市售吹風機進行負離子檢測，發現十六款標示有負離子的吹風機，確實都能吹出負離子，但負離子含量與價格高低，並無一定關聯……

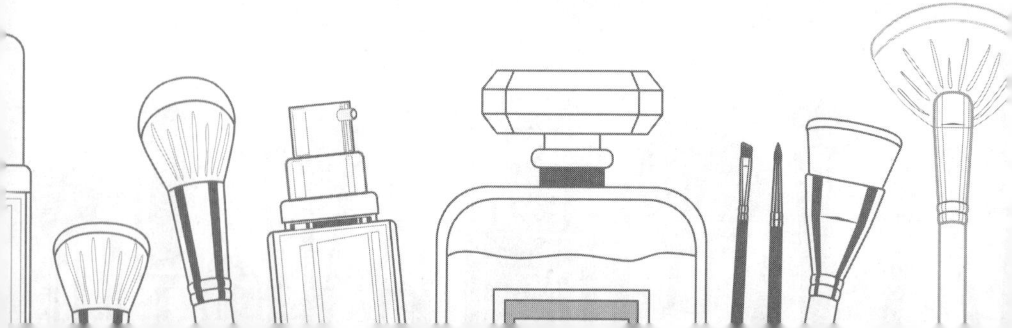

01 負離子吹風機的「負離子」只是行銷話術？

負離子吹風機，一直是非常熱門的美容小家電，常常被列入日本團的「必買清單」！最近甚至有水離子吹風機、膠原蛋白吹風機的出現。不過話說回來，熱門商品常常伴隨著「熱門問題」的產生：

「請問負離子吹風機真的可以改善髮質嗎？」

「負離子吹風機一支要好幾千塊，到底該不該下手呢？」

除了吹風機，也有「負離子空氣清淨機」，號稱負離子是「空氣中的維生素」。到底負離子是什麼？真的這麼神奇嗎？依照慣例，先來看看到底「負離子」是什麼吧！

負離子是什麼？

這些商品所謂的「負離子」，其實是從日文マイナスイオン翻譯過來的。這串日文是片假名，是從英文 minus ion 音譯過來的。

「Minus ion，負離子，有什麼問題嗎？」

坦白說，是有點問題。因為在英文裡，帶負電的離子，是叫做 anion。minus ion 這種用法，基本上，非常非常非常少見，如果出了日本，幾乎沒有人會這麼說。

如果對國中理化還有印象，所謂離子（ion），是指原子或原子團失去或得到電子而形成帶電荷的粒子，分成陰離子（anion）跟陽離子（cation），比方說氫離子（hydron, H^+）、氫氧離子（hydroxide, OH^-），這是化學的基本概念。

不過從負離子空氣清淨機的廣告內容看起來，那個神奇的 minus ion「空氣維生素」，顯然跟陰離子不是同一回事。

神奇的「萊納德效應」

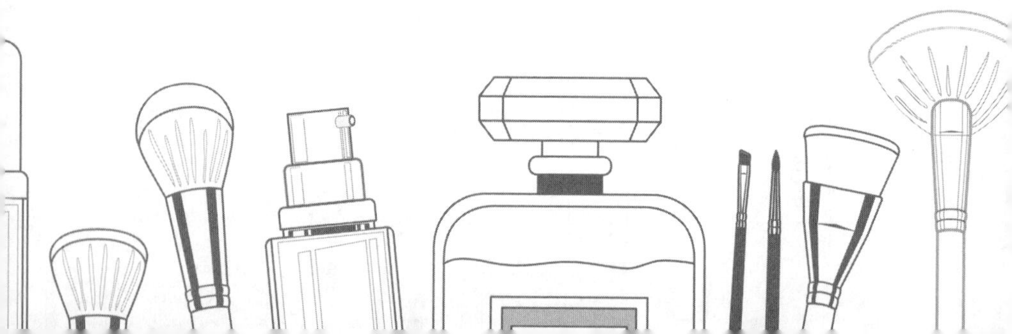

你可能看過類似以下的空氣清淨機簡介：

> 諾貝爾物理獎得主菲力浦．萊納德（Philip Lenard）博士發現，瀑布的水在落下的過程，會產生許多小水滴，水滴與空氣摩擦之後，水滴中的負電荷會跑到空氣中，形成水滴攜帶正電荷，空氣氣流攜帶負電荷的情況。而這些負電荷會吸附空氣中的塵埃、污染物，達到空氣自淨的作用，這個原理是「萊納德效應」。

是不是很棒呢？開一下空氣清淨機，負離子會自動去除空氣中的塵埃跟污染物，給你有如瀑布下的清新空氣……

「所以到底哪裡有問題？」

簡單的說，菲力浦．萊納德博士的確曾得過諾貝爾物理獎，他的部分研究成果被稱為「萊納德效應」也是事實，不過，如果查閱萊納德效應的原文，他其實只有提到水滴墜落時會與空氣摩擦分離出電子，至於介紹文字中後半段的「空氣自淨」作用，則是完全沒有提到（請見備註）。比起開頭說到的陰離子、陽離子，這些「負離子」的

原理，其實跟靜電比較相關。

靜電

相近大家在小學的時候，有做過「摩擦生電」的實驗：毛皮摩擦塑膠尺、絲絹摩擦玻璃棒。正常情況下，物體中的正負電荷電量是相等的，也就是不帶電。當物體因為某些因素（例如摩擦），失去或得到一部分的電子，會使得物體帶電，這就是靜電。當物體帶電，是很快就會中和掉的，舉例來說：冬天脫毛衣發出啪啪聲，或是在乾燥的地方開門被門把電到，都是靜電中和的現象。

從「負離子」的廣告敘述來看，這是從靜電相關原理衍伸出的「神奇行銷話術」。而負離子空氣清淨機的介紹，更是從「萊納德效應」無限衍伸出的內容，說得更白一點，「負離子」有空氣自淨的效果並沒有實質的科學根據。

負離子吹風機

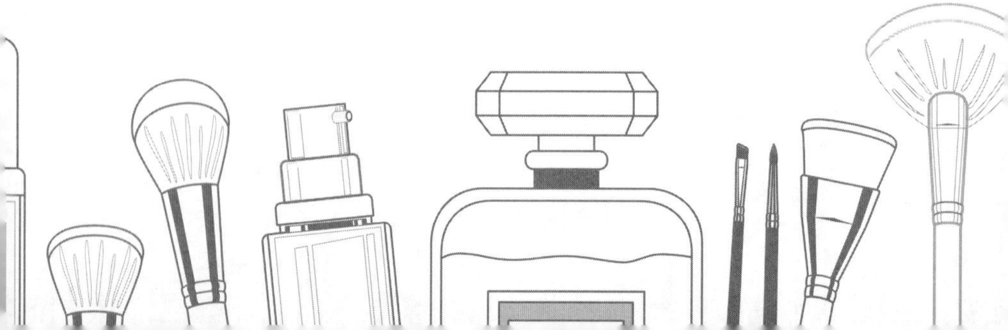

「那負離子吹風機呢？我用了之後頭髮真的比較蓬鬆、比較好梳啊！」

負離子吹風機的原理，其實是放了一台「電子發生器」，讓吹風機可吹出電子。電子帶負電，不論是直接吹到頭髮上，或是跟空氣中的氧結合再形成氧離子，都可以讓頭髮帶靜電（負電），當每根髮絲都帶負電，同性相斥，頭髮自然就好梳了。但說實話，潤絲精也能做到差不多的效果，甚至更好。

其實，負離子吹風機真正厲害的地方並不是所謂的「負離子」，而是它溫度、風量控制的很好，對著頭髮直接吹不會燙傷，並可以根據要快速吹乾或是溫風吹整造型任意調整。這才是一台吹風機要賣五、六千元的真正原因。至於負離子，真的就是行銷話術而已。況且，在日本，也幾乎不再以此作為宣傳了。

負離子風潮是從日本開始的，由幾位「專家」、「達人」宣導，然後幾家家電廠商發現這個說法很有吸引力，開始推波助瀾，於是形成了「負離子商機」。但隨著二〇〇三年日本頒布了「不当景品類及び不当表示防止法」（「防止不適當廣告」相關規範），廠商就無法宣稱這些沒有實際根據的說法了。至於水離子吹風機、膠原蛋白吹風

機，看完本篇文章，相信聰明的你，已經有能力自行判斷囉！

備註：

菲力浦・萊納德博士曾因為研究陰極射線得過諾貝爾物理獎，他的部分研究成果被稱為「萊納德效應」（Lenard effect）。不過，當我在Google搜尋「萊納德效應」時，看到的結果只有空氣清淨機的產品頁或是業配文章，並沒有看到效應本身與空氣清淨作用之間的科學解釋。

去維基百科查Lenard Effect，更驚訝地發現，沒有這個詞條，它只是Philipp Lenard 詞條下的一句話而已：

「Lenard was the first person to study what has been termed the Lenard effect in 1892. This is the separation of electric charges accompanying the aerodynamic breakup of water drops. It is also known as spray electrification or the waterfall effect.」（萊納德是第一位「萊納德效應」的研究者，此效應在一八九二年被正式命名。此研究發現水滴墜落時會與空氣摩擦分離出電子，此效應也被稱作

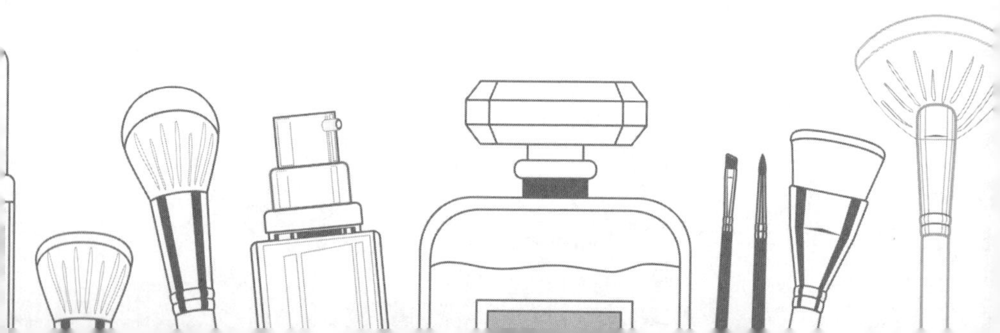

spray electrification 或是瀑布效應 waterfall effect）

根據維基百科的內容，完全沒有提到空氣自淨的科學解釋。

XXX綜合報導

隨著美國哈佛大學教授米歇爾絲（Karin Michels）在一次講座中將椰子油形容為「十足的毒藥」，大力呼籲人們不要食用，讓椰子油是否為健康食品的爭論重回火線。英媒《BBC》今年初曾對椰子油設計過簡單實驗，結果顯示，椰子油之所以被稱為健康食品似乎確有其理由。專家指出，椰子油並非一無是處，其內含大量中鏈脂肪酸如月桂酸等，具有提高好膽固醇等對健康有益的作用。不過專家也直言，攝入大量椰子油可能會造成心血管疾病方面的風險，強調「適量適度非常重要」……

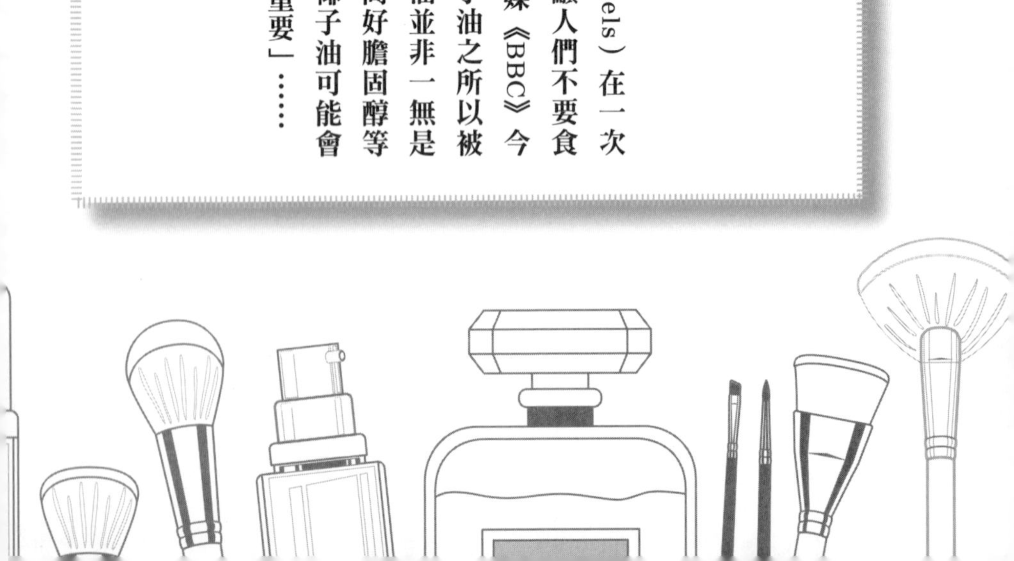

02 椰子油可以減肥又防曬，真的這麼神奇？

「超級食物」，一個新的名詞，指的是吃了以後就會變得更健康的食物。一般來說，「超級食物」的功效十分多元：又抗癌、又殺菌、還會抗氧化、幫助體重控制、減少心血管疾病、避免失智症，基本上，任何有益身心的好事，都會發生！

「謝博，有這種食物？哪裡有賣？快跟我說，我一定要吃！」

會相信這個說法的，一定是我的文章看得不夠多！相信我，真實世界並不是一個二分法的世界，食物也不是非壞即好。「椰子油」，就是一個典型被「神化」的食物案例，世界上不可能有一種食物，可以如宣稱說得那麼神奇、那麼好。

在「生酮飲食」、「防彈咖啡」這些熱門「健康流行」的推動下，椰子油成為了當紅炸子雞！如果順手Google一下，就會發現「椰

子油可以殺菌」、「椰子油可以降低心血管疾病發生率」等等資訊。更奇妙的是，竟有文章介紹「椰子油具有防曬功效」！

真的是太神奇了！椰子油竟然結合殺菌、減肥、防曬於一身！

不過，你知道嗎？椰子油過去曾經被嫌棄得一文不值，跟棕櫚油合稱「熱帶油」，這兩兄弟可說是廉價、不健康的替代性油脂。簡而言之，椰子油曾經有一段不堪回首的黑歷史。

看到這裡，大家一定很疑惑，到底椰子油是超級食物，還是健康殺手呢？我只能說，這麼簡單的二分法只存在於童話故事中，現實生活中很少有非黑即白的事物。

所以，椰子油真的有這些功效嗎？讓我們從科學的角度來看看吧！

椰子油是什麼？

椰子油，顧名思義是從椰子果肉中提取出的食用油，在熱帶地區，它是人們飲食中脂肪主要攝取來源。椰子油的飽和脂肪酸含量高達八〇%以上，所以非常的穩定，很適合高溫烹調、油炸，不容易會

有變質的問題，如果……

「謝博，等一下，飽和脂肪酸？」

是的！你沒有看錯，就是被認為會增加心血管疾病風險的飽和脂肪酸。

你聽過豬油嗎？是不是覺得雖然拌飯很香，但是不大健康？而偉大的、神奇的椰子油，飽和脂肪酸含量達到八〇%～九〇%，是豬油的兩倍多。

Magic Word：月桂酸

椰子油這幾年之所以可以由黑翻紅，主要是因為椰子油中的主成分「月桂酸」，是一種「中鏈脂肪酸」。

「什麼是中鏈脂肪酸？」

脂肪酸根據碳鏈的長度，可以分成短鏈（碳數一～五）、中鏈（碳數六～十二）、長鏈（碳數大於十二）。中鏈脂肪酸，比長鏈脂肪酸容易水解，而且不需要靠脂蛋白，可以直接從腸道吸收，從肝門靜脈進入肝臟代謝產生能量，因此不容易在血管壁堆積，所以不會增加引起心血管疾病風險。

再來，有研究指出，中鏈脂肪酸的熱量比長鏈低，還可以提高代謝率。另外，中鏈脂肪酸可以讓肝臟產生酮體。最後，有實驗指出，在試管中月桂酸有殺菌的功效。

「中鏈脂肪酸這麼棒，椰子油有四五%的月桂酸，又是中鏈脂肪酸，又可以殺菌，難怪是超級食物！謝博士你不要再詆毀椰子油了！」

嗯，中鏈脂肪酸的確很棒，月桂酸在試管裡也可以殺菌，但是這也就是事情複雜的地方。

1. 上述這些「中鏈脂肪酸」的好處，指的都是碳數八跟十的中鏈脂肪酸（辛酸、癸酸）。而月桂酸其實有十二個碳。它在腸道中的吸收狀況，其實比較接近長鏈脂肪酸。所以，對飲食跟代謝來說，月桂酸有中鏈之名，並無中鏈之實。
2. 月桂酸在實驗室的試管裡可以殺菌，並不代表吃進身體裡可以殺菌。舉個例子，酒精、清潔劑、漂白水都確認可以殺菌，請問你生病時會吃嗎？所以，別再輕易相信實驗室可以殺菌的物

質就是可以治病的。

椰子油，真的沒那麼神奇。

那椰子油真的可以防曬嗎？

椰子油的確有防曬效果。

「謝博，你總算還椰子油一個清白了。」

聽我說完，椰子油可以防曬，但是防曬係數只有SPF 4，也就是只能阻擋七五%的UVB。你走進便利商店隨便拿一支防曬商品，都比椰子油效果更好。

另外，椰子油無法阻擋UVA，套句流行的說法：「不是寬頻防曬」，再加上椰子油在皮膚上的附著力不好，很容易流失，所以別再相信椰子油就可以達到防曬效果了，如果只用它防曬，遲早有一天，你會被曬成炭的。

這樣說起來，椰子油聽起來很可怕！

其實也沒有這麼誇張，如果是一般炒菜烹飪，用椰子油不會有太大的問題。

還記得前面提到椰子油對熱很穩定，所以如果是要油炸，不用擔心它會變質。只是，如果是為了減重，直接要拿它來喝，這我是絕對不建議的，長期這樣喝，搞不好減重的效果沒有，還增加了其他的健康風險。

「等一下，謝博士你說的是精製椰子油吧？冷壓初榨的應該就有很多好處了吧？」

對我來說，「冷壓初榨」是另一個Magic Word。冷壓初榨的植物油的確保留比較多的植物多酚，抗氧化效果比較強。但是，如果只是單純要抗氧化，椰子油並沒有比維他命C的效果好啊！何必吞椰子油？

簡單說，椰子油就是種飽和脂肪酸含量比較高的植物油，適合油炸。我們不能說它是個壞玩意，但它也絕對不是超級食物。我絕對不建議把它當成補充品或是營養劑，而忽略了尋求正規管道來注意自己

的身體健康。

如果你是高血脂，或是心血管疾病患者，我更是不建議你攝取過量的椰子油。

如果你還是想找尋「超級食物」，相信我這一次，椰子油，它真的不是。

二〇一八年十一月報導

美國聖地牙哥法院作出的一樁判決引起了外界關注……

被告被判賠償一・〇五億美元。人們關注的不僅是天價賠償，還有Robert O. Young這名被告：一場長達十數年騙局的發起者。而他所編織的「謊言」，至今仍有人深信不疑。

大多數人可能並沒有聽過Robert O. Young，但大都聽過「酸鹼體質」、「酸鹼食物」、「喝鹼性水對健康有益」等說法。Robert O. Young正是「酸鹼體質理論」的創始者。他主張酸性體質是疾病、肥胖的元兇，攝取鹼性食物就能恢復健康……

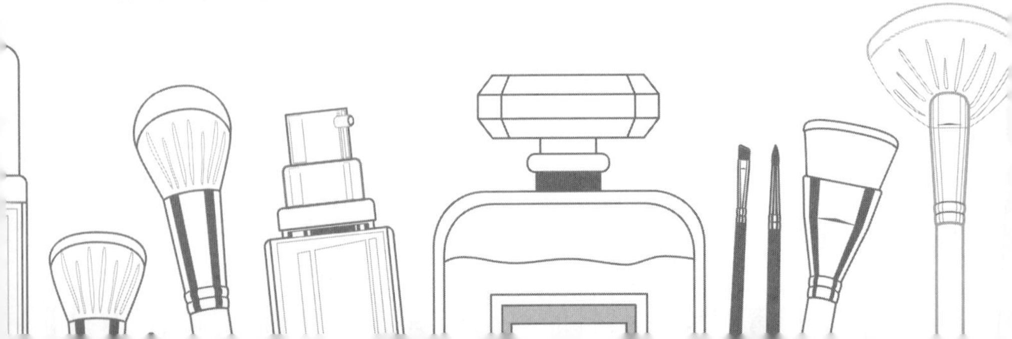

03 鹼性離子水能改善健康？

「我很容易被蚊子咬，這是不是因為我是酸性體質？」

「一定是因為你肉吃太多！」

「對啊！人的體質有分酸、鹼性，不好的生活習慣會讓體質偏酸，所以要多吃鹼性食物、喝鹼性水，改善身體健康。」

以上說法想必各位一定都聽過，可能也曾經覺得好像有點道理。「體質酸鹼說」的確成功地在全世界風行，讓許多人認為「酸性體質就是不好的」，引起「鹼性」風潮，也帶動了一大波「鹼性商機」。甚至當你覺得這件事怪怪的時候，身邊總是會有「信徒」出來駁斥你不懂健康之道。

不過，二〇一八年十一月七日的一個新聞，可以讓大家看清事實：酸鹼理論的「創始人」Robert O. Young，被美國聖地牙哥法院裁定需賠償一‧〇五億美元給曾深信此理論的乳腺癌患者Dawn Kali。

Dawn Kali 因為深信Robert O. Young的理論，放棄乳腺癌正規醫療，接受「鹼性體質」療法，結果毫無效用，還因此延誤了治療。Dawn Kali 在二〇一五年正式向法院提告，二〇一八年十一月七日，美國聖地牙哥法院裁定Robert O. Young共需賠償一・〇五億美元，其中的一千五百萬美元是懲罰性賠償，另外九千萬美元則是對受害者的身心賠償。

看完這段新聞，回到今天的主題，我想大家可以抱持「就事論事、實事求是」的精神，來檢視鹼性離子水是不是真的這麼神奇。

鹼性離子水是怎麼做的？

〈在負離子吹風機，真正厲害的不是「負離子」！〉中，已經討論過負離子吹風機中的「負離子」與化學中的陰離子完全無關。那鹼性離子水到底又是什麼東西呢？

水裡面本來就有離子存在，如果把水通電進行電解，水中的陽離子，像是鈣、鎂、鈉、鉀等金屬離子，會因為帶正電聚集至負極，這些陽離子同時會吸引水中的氫氧離子（OH^-）靠近，所以負極附近的水

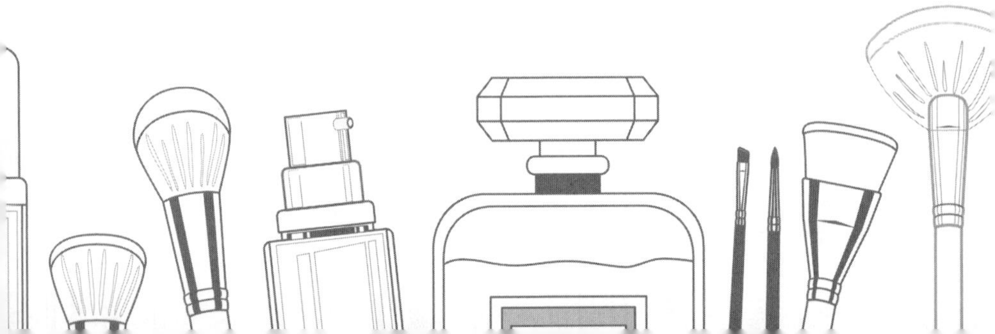

就是所謂的「鹼性水」。反之，正極附近的水，就是「酸性水」了。

所以，不管是電解水或是鹼性離子水，其實都不是什麼高深莫測的「黑科技」，只需要簡單的電解反應就可以做出來。

不見得可以調解體質，鹼性離子水本身也不一定是鹼性

把電解水時負極附近的「鹼性水」取出裝瓶，這瓶水的確是鹼性的。可是，喝到肚子裡的時候，會不會讓你身體也變「鹼性」呢？這題的答案是不一定！原因有以下兩個：

1. 你喝下去的水有可能根本已經不是鹼性。因為空氣中有二氧化碳，水一開瓶與空氣接觸較長時間，很快就會因為二氧化碳溶入呈現弱酸性。
2. 身體本身是有恆定性的，不會因為你喝了幾口鹼性水、吃了幾片肉，就任意改變酸鹼性。

所以，靠喝「鹼性離子水」改變身體酸鹼度，根本是不可能的。

體質酸鹼說？根本是無稽之談

再來，我們回到文章開頭提到的「酸鹼體質說」。這套說法並沒有確實的科學根據佐證。另外，人體中的不同地方，為了不同的需要，本來就有不同的酸鹼度。舉例：口腔中唾液的pH值為六．六～七．一（中性附近）、胃酸的pH值是一．五～三．五（強酸）、全身的血液pH值則是會維持在七．三五～七．四五（弱鹼）。身體會主動調節酸鹼值的恆定，並不會因為你喝幾口水、吃幾片肉就改變的。

如果明白了以上的概念，應該可以理解「酸鹼體質說」、「鹼性飲食」，其實都是沒有根據的偽科學說法。鹼性離子水，也是類似的情況。

高氧水又是怎麼一回事

「謝博，那高氧水呢？聽說可以喝水補氧，緩解因為缺氧帶來的精神不濟與疲勞！」

缺氧的話，不用喝水，深呼吸就好。

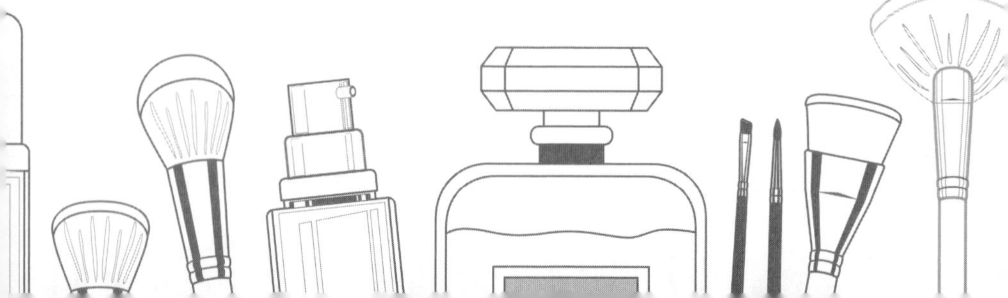

首先，水中的溶氧量很有限，根本不夠補充身體所需。再者，水是喝到肚子裡面去的，人體的消化系統並不會吸收「氧氣」，氧氣主要是靠肺部吸收的。所以，要增加血液中的氧氣含量，呼吸比喝水實際太多太多了。

在現有的研究報告中，也沒有體內氧氣濃度較高，可以促進整體健康的肯定結論。如果真的要我舉一個需要額外補充氧氣的情況，大概只有去爬高山的時候，因為空氣中氧氣量稀薄，所以得靠氧氣瓶補充血中氧氣量吧！

至於有讀者覺得用鹼性離子水、高氧水泡茶、沖牛奶，口感、風味更佳，這個恕我口拙，品嚐不大出來，所以也無法評論到底是否有這回事了。

所以喝水該怎麼喝呢？

其實喝水的重點就是要喝適量，沒有別的了！如何算出每天要喝多少水才夠呢？根據腎臟科醫師的建議：「自己體重×三〇」毫升（CC），就是你每天需要喝水的量！如果是體重六十公斤的上班

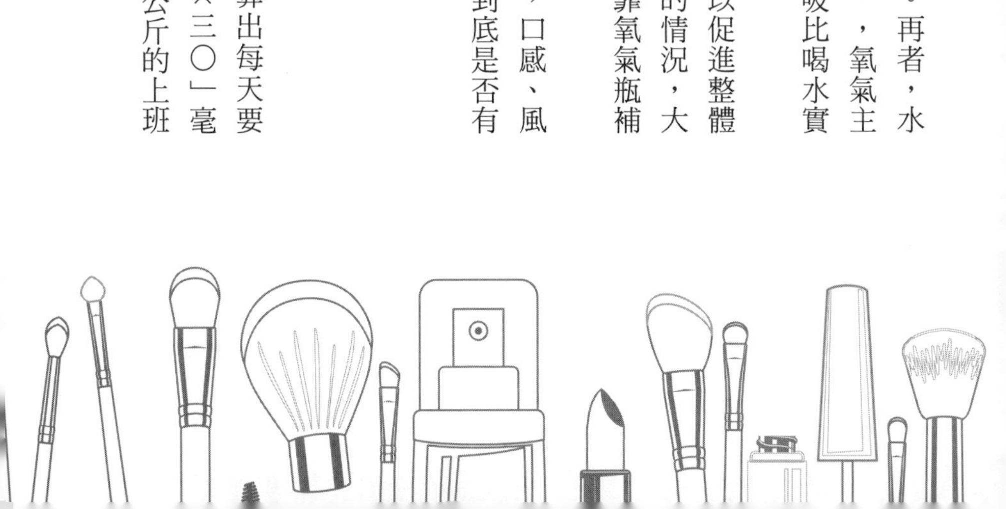

族，建議每天就得喝足一千八百ＣＣ的水。也別認為狂喝就是對身體好，水喝太多也是有可能水中毒的。

人體有七〇％是水，為身體補充水分，就是喝水最重要的目的，身體的酸鹼值是具有恆定性的，不可能只靠喝水調節；如果是要補充氧或是補充其他營養素，其實都有更有效率的方法，真的不用在喝水這件事上花這麼多心思。

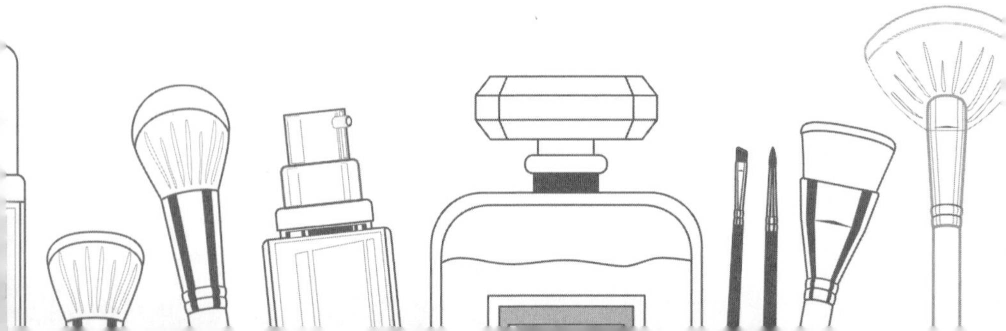

XXX報導

台裔美國學者最新研究顯示，電子菸的煙霧會使老鼠罹患肺癌，膀胱尿路上皮細胞增生，增加癌變風險。台灣專家指出，這分研究首度證實電子菸會致癌，拆穿電子菸「減害」的謊言。

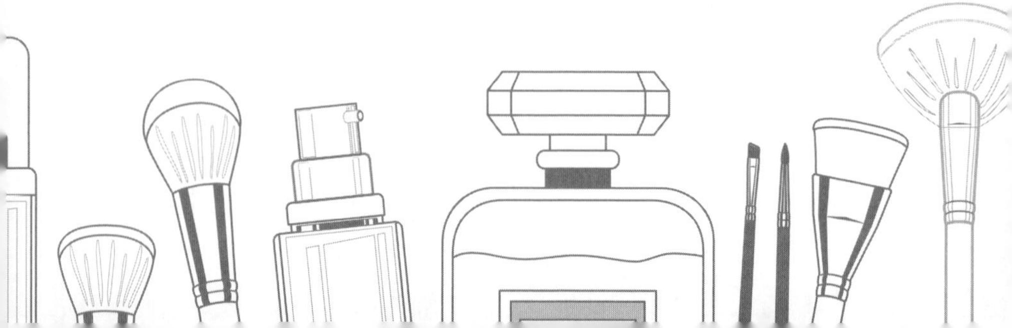

04 改抽電子菸真的會比較健康嗎？

根據世界衛生組織統計，全球每年約有五百四十萬人死於菸害，平均每六秒就有一人因吸菸而死亡。吸菸對健康造成的危害有：呼吸道疾病、心血管疾病、消化道疾病，以及久居國人十大癌症死亡率之冠的肺癌。其中最直觀、最讓大家恐懼的，就是肺癌。也因為這樣，相信大家都有通過這樣的說法：

「替菸神器，零焦油電子菸」

「零焦油、無尼古丁的戒菸神器——電子菸」

不少本來抽菸的人，紛紛轉而使用電子菸，覺得不傷身體、更健康，又可以有抽菸的快感。但是真的是……這樣嗎？

「到底什麼是電子菸？」

其實大家所謂的「電子菸」，是泛指所有以電池加熱方式，替代傳統菸品的裝置。這裡面可以再分成兩大類：利用電子加熱「菸草」的加熱式菸品，以及霧化「菸油」的電子菸。

「謝博士，你在講繞口令嗎？到底什麼是什麼啊？」

別急，慢慢說給各位聽。

加熱式菸品：致癌的，可不是只有焦油

加熱式菸品，主要是把真的菸草壓成「菸草彈」，再利用電池加熱菸草，把菸草裡的香味、尼古丁、以及其他物質釋放出來。

「那跟傳統香菸有什麼不一樣呢？」

最大的不一樣，就是不用點火，沒有燃燒，所以不會產生焦油。焦油是菸草燃燒時產生的黑色粘稠液體：就是你在香菸外盒上看到那個黑黑的肺部的主因。焦油裡有很多致癌物，有多環芳香烴、各種含苯環的化合物，可以說是抽菸致癌的主因之一。

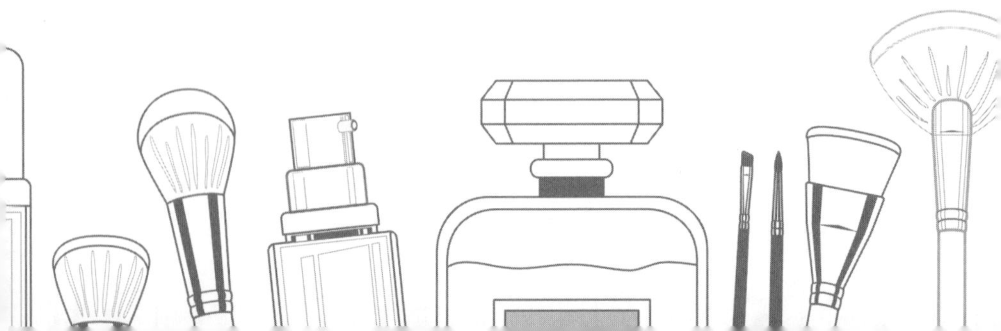

「那不燃燒，就沒有焦油、不會致癌嘍？」

這的確是很多抽電子菸的人深信不疑的事，也是不少電子菸廣告的主軸。但是，我必須很坦白的說：答案是否定的。因為菸草裡的致癌物，並不是只有焦油。N-Nitrosonornicotine（N-亞硝基降菸鹼，NNN），是一種亞硝胺，是一級致癌物；NNN的代謝產物Nicotine-derived nitrosamine ketone（NNK）、以及4-（methylnitrosamino）-1-（3-pyridyl）-1-butanol（NNAL），也是致癌物質。

NNN、NNK、NNAL，只要加熱菸草就會釋放，並不需要燃燒。所以如果以為避開焦油就遠離肺癌，是不切實際的。

電子菸：有沒有尼古丁是重點，但不是全部

電子菸則是利用電子裝備霧化「菸油」產生煙霧，達到抽菸的快感。菸油裡的主成分是做為溶劑、產生煙霧的丙三醇（甘油）以及丙二醇，再來就是各種精油、人工香料。當然，也有些會加入尼古丁。

「尼古丁！那我只要選不加尼古丁的，是不是就很安全呢？」

這也是大家常見的迷思。我們先來了解一下尼古丁吧！

首先，尼古丁並不是致癌物，但它是抽菸產生「快感」的主要來源。尼古丁會促進多巴胺分泌，產生幸福感和放鬆感。但跟毒品一樣，會造成成癮性與依賴性。這也是所謂「菸癮」的由來。尼古丁對心血管系統有不良影響也是經過證實的。此外，不少人很關心的，尼古丁對性能力有影響喔！尼古丁會促使微血管收縮，導致供應陰莖血液量減少，也會影響勃起中樞，所以對陰莖的充血與勃起有不良影響；此外，尼古丁也會使得生殖腺（睪丸與卵巢）的機能降低，導致性慾降低。

那沒有尼古丁就萬事ＯＫ嗎？也不見得。丙二醇、丙三醇雖然相對來說是安全的，但大量吸入霧化的醇類，對身體機能的影響，目前還是未知的。此外，精油、人工香料……其實成分都很複雜，加熱霧化後大量吸入，不可能對身體健康沒有影響。

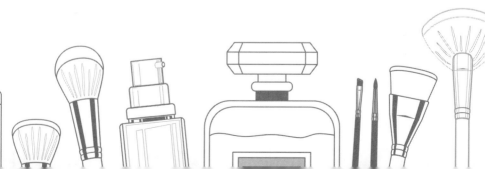

「電子菸沒有二手菸危害？」

當然不是啊！只要有煙霧，就是增加PM2.5微粒懸浮，對室內空氣品質當然有影響。此外，產生的化學物質沾在衣物上，對於身邊的人的影響，也是不容小覷的。

「電子菸可以幫助戒菸？還可以取代香菸？」

根據世界衛生組織（WHO）二〇一九年報告指出：「目前尚未有科學證據，可以證明電子菸能幫助戒菸。而電子菸對於使用者和非使用者也都具有健康危害的風險存在。」

美國食品藥品監督管理局（FDA）也指出：「電子菸並非FDA所核准的戒菸輔助工具，目前也沒有充分的證據，可以證明電子菸可以協助戒菸。」

「那，謝博士，難道沒有別的方式可以享受吞雲吐霧的快感，但對健康無害，又能戒菸嗎？」

答案很肯定：「沒有！」魚與熊掌不可兼得，戒菸是一條漫漫長路，最簡單、最直接的方式，就是透過正當醫療管道的協助，做到真正的戒菸，才是最好的選擇！

後記：撰寫文章的時候，看到一則新聞：蔡依林擔任拒菸大使，倡導「我拒菸，我驕傲！所有菸品Get Out！」活動，並且呼籲「電子菸有害身體」。但傳出賣電子菸的菸商到現場欲鬧事……

坦白說，寫這些文章，完全不擔心招惹麻煩是騙人的。但是，真話總得有人說啊！就繼續傻傻的寫嘍，希望對大家有幫助。

P.S. 我只是小咖，也很膽小，別找我麻煩啊。

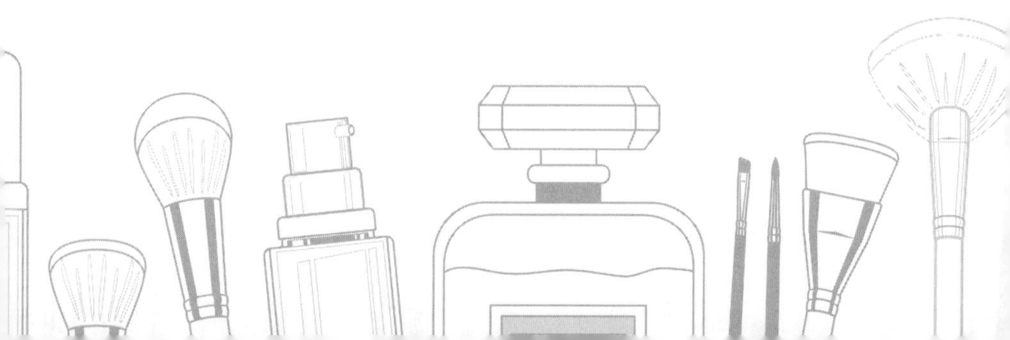

第 3 篇

這麼容易得癌症、失智症嗎？

二〇一八年七月報導

知名黑糖珍珠鮮奶品牌，主推「獨家手炒黑糖」，大受歡迎。但近日有離職員工爆料，該品牌使用桶裝濃縮黑糖漿，成分含焦糖色素，並非完全手工。該品牌老闆坦承，因為使用量大，都改以機器炒糖，再運到各分店，而焦糖色素並非自己添加，而是上游製作黑糖時就已經存在了……

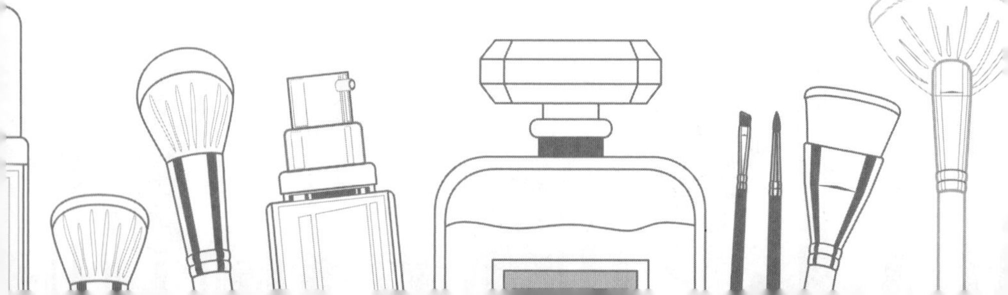

01 焦糖色素恐致癌？

最近有則新聞備受矚目，販售黑糖珍珠鮮奶的知名店家，被離職員工爆料送至分店的桶裝黑糖糖漿有添加「焦糖色素」。這則新聞值得討論的地方有以下兩點。

第一、業者並非如廣告所言使用手炒黑糖，而是機器炒的黑糖。廣告不實是台灣市場屢見不鮮的現象，絕對不應該。不過，大家也不要每次一看到「手工」、「天然」就昏了頭，商家一天要賣那麼多杯，怎麼可能靠老闆一個人炒出來……

除了廣告不實，我特別想提醒大家的，是焦糖色素的部分，這就真的很值得討論了。

「謝博，這就是無良商人啊！添加色素就是讓我們吃到不天然的東西！絕對不可以！」

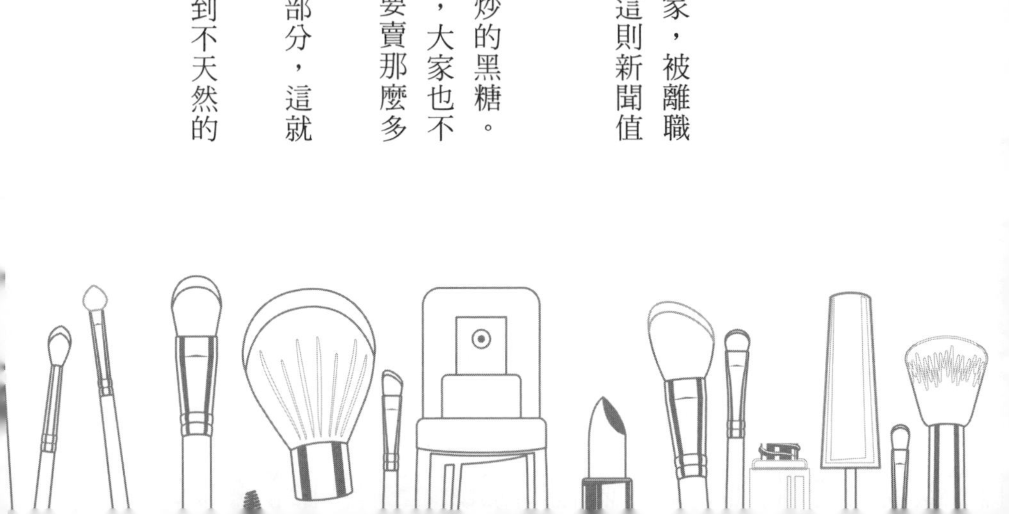

想必一看到「焦糖色素」，大家的反應就是開罵吧？然而，這件事真的沒那麼簡單，要追根究底，我們得從黑糖是如何製造的，焦糖色素又是什麼東西開始說起。

黑糖是如何被製造的呢？

黑糖是沒有經過脫色、過濾的甘蔗汁，慢慢以加熱的方式把水分蒸發後剩下來的物質，也有人稱這些物質為「帶蜜蔗糖」。由於沒有過濾，所以除了糖之外，這些物質當中含有其他雜質，有人統稱這些雜質為糖蜜，也就是說，黑糖是由糖與糖蜜（雜質）構成的。

這邊也做個簡單的名詞解釋，「黑糖」跟「紅糖」其實是同樣的東西，它們的製程都是以甘蔗汁去掉水分製成，黑糖只是因為熬煮過程較長所以顏色較深，因此才被稱為黑糖。

「謝博，這些過程我知道，可是，這跟焦糖色素有什麼關係？」

關係可大了！因為，焦糖色素其實就是糖加熱之後的產物！所以即使不另外添加，只要是炒過的黑糖，不管是機器炒還是手炒，都一定會有焦糖色素。純就焦糖色素來說，只要添加的量不超過法定範

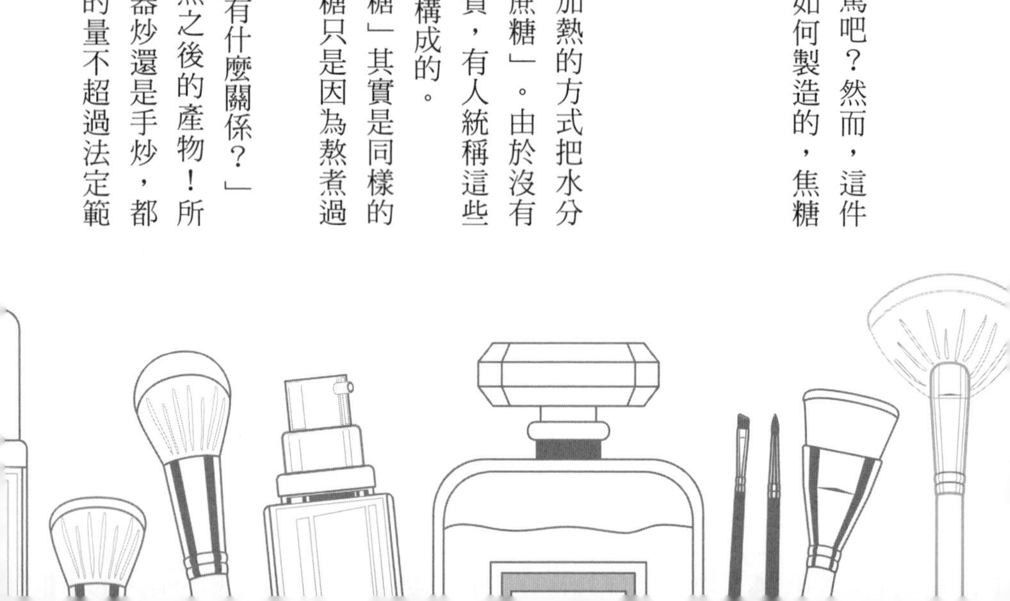

園，其實不會對身體造成太大影響。另外，還記得丙烯醯胺嗎？這也是黑糖中一定會含的成分，有興趣的話，可以參考上一本長化短說中提到的「毒黑糖」事件的啟示。

日常生活中的焦糖色素

其實在日常烹調中，常利用焦糖色素增添食物的色香味；烤肉時刷上烤肉醬，肉烤了之後有「上色」的效果；燉紅燒肉用冰糖「上色」，其實都跟炒黑糖的原理一樣——烤肉醬裡的糖、紅燒肉裡的冰糖受熱之後，產生焦糖色素，幫肉上色也會產生獨特的風味。當然，也有業者為了讓「上色」效果更明顯，直接加入焦糖色素。不少市售醬油裡都有添加。

焦糖色素 v.s. 糖，哪個影響大？

廠商廣告不實絕對有錯。但除此之外，我更想說的是：真正會對人體造成較大影響的，不是焦糖色素、不是丙烯醯胺，也不是機器炒

還是手工炒，而是「糖分攝取量」。

許多時候因為新聞事件的推波助瀾，常常誤導消費者「抓小放大」，反而忽略了真正的關鍵。在幾年前的毒茶事件時，其實就發生過一樣的狀況，有興趣者，也可參考第一本長化短說中的〈農藥殘留「手搖杯」有多毒？〉

為什麼糖攝取量才是關鍵呢？

根據世界衛生組織的建議，成人及兒童游離糖攝取量應低於總攝取熱量的五%，以一位體重六十公斤的成人為例，他一天大約需攝取二千大卡熱量，依五%比例計算，他的糖類攝取應低於一百大卡。再將熱量換算成重量，一公克糖約四大卡，一位成人每天糖的攝取量應低於二十五克。

而一杯全糖珍奶有多少糖呢？大約是 五十～六十克。喝下一杯，抵掉了兩天的總攝取量，如果每個星期喝三～四杯含糖飲料，長期下來，糖分過量攝取對人體的影響，絕對大過於焦糖色素。

如果要我說，在日常飲食中，對健康影響最大、最嚴重的殺手級

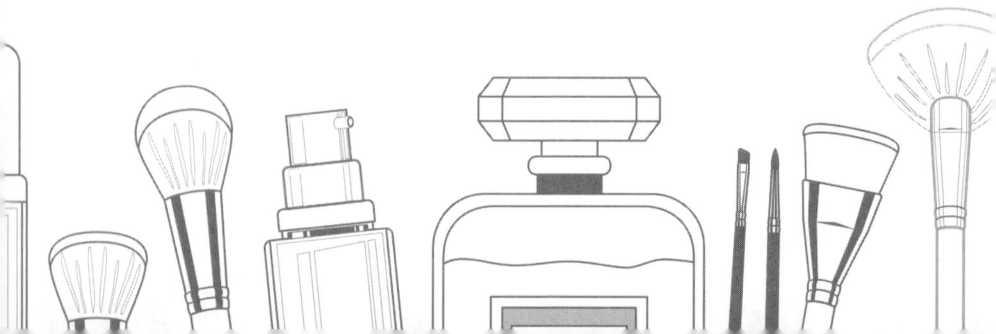

「化學成分」，毫無疑問的，一定是糖分的過度攝取。
在享受甜品的同時，也多關心一下自己的健康吧！

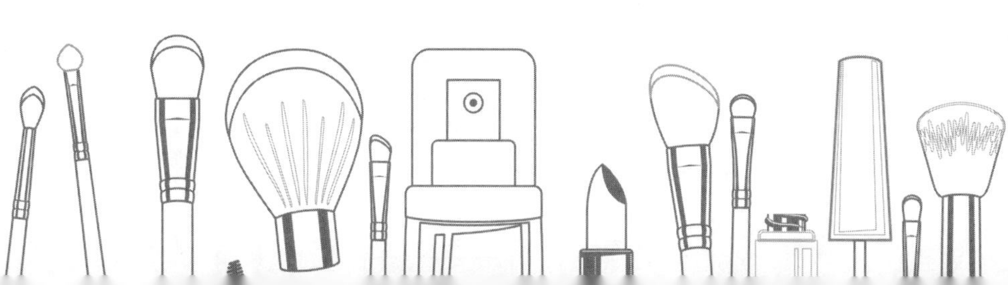

XXX綜合報導

知名日系連鎖品牌近日因礦泉水含致癌物引發恐慌與討論。據媒體報導指出該品牌「日本富山天然礦泉水」因溴酸鹽含量不符台灣檢驗標準，二十三日起進行下架及回收。根據國際文獻研究報告顯示，動物長期攝取溴酸鹽會導致罹患癌症的機率增加。雖然尚未在人體有明確數據證實，但人若大量攝入溴酸鹽，可致噁心、嘔吐和腹痛，嚴重者可能會影響腎臟和神經系統。

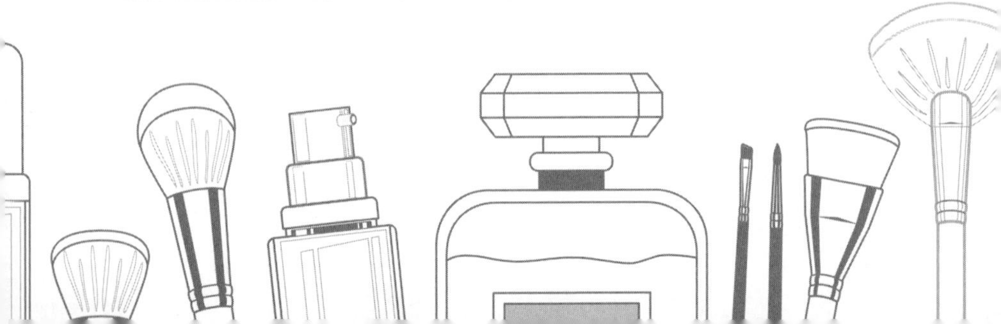

02 礦泉水中居然含致癌物質？

之前有則新聞的「標題」吸引了我的注意：日本品牌的礦泉水驗出致癌物質超標。細看內文，是礦泉水中的溴酸鹽含量超出台灣檢驗標準（每公升〇．〇一毫克），因此全面下架處理。

聽到這裡，你可能會認為這又是一個廠商無良又失職的故事。但我想請大家先冷靜一下，沒有廠商會願意「多花成本」加奇怪的東西到礦泉水裡的。這絕對不是一個無良的故事！溴酸鹽這個名詞，對一般人來說可能很陌生，不過對礦泉水製造商來說，溴酸鹽，其實是一個魚與熊掌無法兼得的「兩難」情況。

為什麼會這麼說呢？讓我們從：「為什麼礦泉水中會出現溴酸鹽？」開始聊起。

為什麼礦泉水中會有溴酸鹽？

我們對「天然礦泉水」都有個美好的想像，這些水來自天然優質的水源，不經過任何的加工就可以直接裝瓶裝罐。這個水源清涼又甜美，富含對人體有益的礦物質與微量元素，純淨天然無污染，沒有細菌、病毒、寄生蟲……喝下去感覺會像武俠小說的主角吃了大還丹一樣功力大增。

可惜，這樣的美好想像，其實是不存在的。

天然的礦泉水雖然很好，有許多的礦物質，不過未經處理的天然水中也可能有細菌、病毒或是寄生蟲。在人類「追求乾淨飲水」的歷史中，多次因為水源遭到污染，而造成大規模的致病。因此在瓶裝水的標準中，「生菌數」一直是各國最重視的指標，「消毒」絕對是礦泉水製程中的重中之重！

目前，飲用水的消毒法有幾種，使用氯、二氧化氯或是臭氧。

用氯來消毒其實很常見，因為氯並不貴，游泳池就是用氯消毒。但由於氯氣的水溶性較差、有可能產生有致癌風險的有機氯化合物，更重要的是：會有個「特殊」的味道，所以並不適合用於直接飲用的

礦泉水。台灣的自來水現在也不使用氯，而是改用二氧化氯（ClO_2）來消毒。

跟氯還有二氧化氯相比，用臭氧消毒最大的好處，就是不會有「氯的味道」。臭氧在消毒後會直接變成氧氣，幾乎不會影響礦泉水的風味。但是，如果做為原料的天然水中含有溴化物，那使用臭氧消毒，則會讓這些溴化物氧化為對人體有害的溴酸鹽。

簡單的說，礦泉水中的溴酸鹽就是臭氧消毒後的產物。臭氧可以消除水中的細菌、病毒、寄生蟲，可是，如果天然的水中原本就有溴化物，使用臭氧消毒，有可能讓礦泉水中的溴酸鹽超標。你說臭氧能不加嗎？當然不行！因為，如果水不消毒，那更恐怖。

如何處理溴酸鹽呢？

台灣目前針對飲用水中的溴酸鹽檢驗標準是每公升〇・〇一毫克，這與世界衛生組織的標準相同。當水中可能因為用臭氧消毒而產生溴酸鹽時，製造商能怎麼辦呢？有解決辦法嗎？

有的。可以用活性碳過濾的方法進行處理，溴酸鹽通過活性碳

後，可以有效降低溴酸鹽的含量。可是，使用活性碳時，必須注意活性碳的清洗、消毒和更換，會增加製造成本。更關鍵的是：用活性碳還原溴化物的過程中，礦泉水中的其他礦物質也會被活性碳給過濾掉，那這樣的水，還能叫做「礦泉水」嗎？還值得你花更昂貴的價格去購買嗎？

不管是活性碳，或是其他去除溴酸鹽的方法，成本增加事小，最關鍵的是失去了「礦泉水」的本質。可是如果不使用足夠的臭氧，有可能無法完全清除水中有害的微生物。

所以說，這真的是兩難啊。

所以要如何喝水才安全呢？

這可分成居家飲水與出外飲水兩方面。如果是居家飲水，其實自來水煮開喝就非常安全了。對「千滾水」有疑慮的話，也可以參考本書第一二〇頁〈冬天喝熱水、煮火鍋，一定要知道的四件事〉這篇文章。如果是外出活動，我建議自己帶水壺最好。

「那如果一定要喝瓶裝礦泉水呢？」

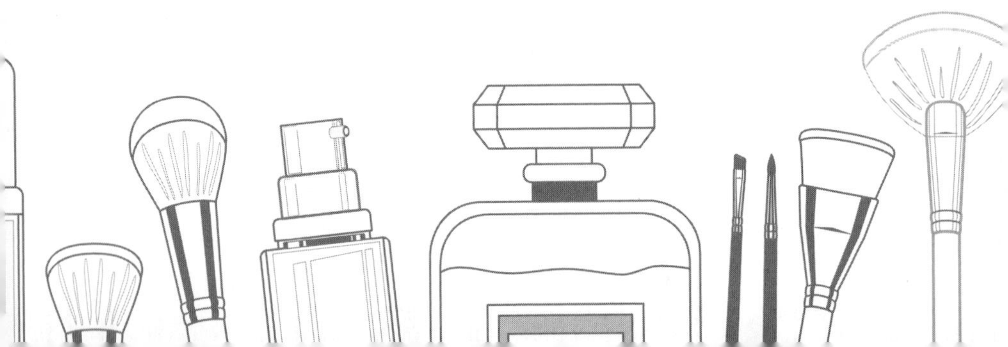

這是千年考古題，答案也很明確：看劑量。如果你生活中所有的水分補充都來自瓶裝水，那真的必須小心注意，避免喝到溴酸鹽超標的水（註）；如果你只是偶爾喝，那其實不要太擔心。

註：

台大環工所教授蔣本基：「已經證明出來溴酸鹽對動物會產生致癌，很清楚一個人每天喝二公升的水，假定體重是七十公斤，他活到七十歲的時候，如果我們對致癌的風險以十的四次方來做推斷，那我們的忍受量是五個ppb。」

（資料來源：https://news.tvbs.com.tw/other/489386）

XXXX報導

天氣越來越冷，很多人喜歡吃火鍋暖身子，最近就有一名網友，吃小火鍋的時候，發現店家提供的白色免洗塑膠湯匙，上面環保回收編號是「6」，代表材質是使用「聚苯乙烯」，耐熱度最高只有九十，還不耐酸！用來吃火鍋可能會釋出致癌物質……

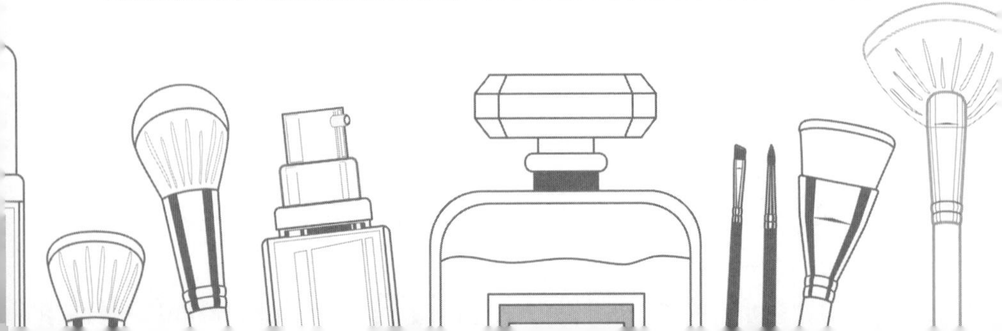

03 天冷喝熱湯，看清楚「塑膠湯匙」上面的編號！

前陣子看到一則新聞報導，外食族喝熱湯時，如果需要用到塑膠湯匙，請特別注意看它是五號還是六號的湯匙。

「塑膠湯匙有編號？」

有的。其實嚴格說，這不是塑膠湯匙的編號，而是塑膠的編號。環保署為了讓塑膠回收的流程更加順暢，所以要求廠商標示「塑膠材質回收辨識碼」，作為回收時的材質辨認。

「那總共有多少種編號呢？」

「塑膠材質回收辨識碼」由1到7，總共有七個號碼，分別代表不同的塑膠材質：

1號：PET

PET是聚乙烯對苯二甲酸酯（Polyethylene Terephthalate），也就是「寶特瓶」的材質。PET的硬度夠、質量輕，而且耐酸耐鹼，所以也可以用來裝碳酸飲料。不過PET不耐熱，大概八十度左右就變形了，所以不建議裝高溫液體。

2號：HDPE、4號：LDPE

聚乙烯（PE, Polyethylene）是生活中應用最廣的塑膠，有高密度（HDPE）和低密度（LDPE）兩種。2號是HDPE，由於硬度較大，所以常被製成塑膠瓶，一般看到的半透明或是不透明的塑膠瓶，像是裝乳製品的瓶子，多半都是由HDPE製成的。HDPE耐酸耐鹼，至於耐熱則是大概可到一〇〇度左右不變形。

4號則是LDPE，傳統市場裡、小吃攤隨處可見的塑膠袋，大多是LDPE做的，之前討論塑化劑時，也有提到因為它的可塑性高，所以也是保鮮膜的主要材質。LDPE的耐熱溫度不如HDPE，大約在七十度C

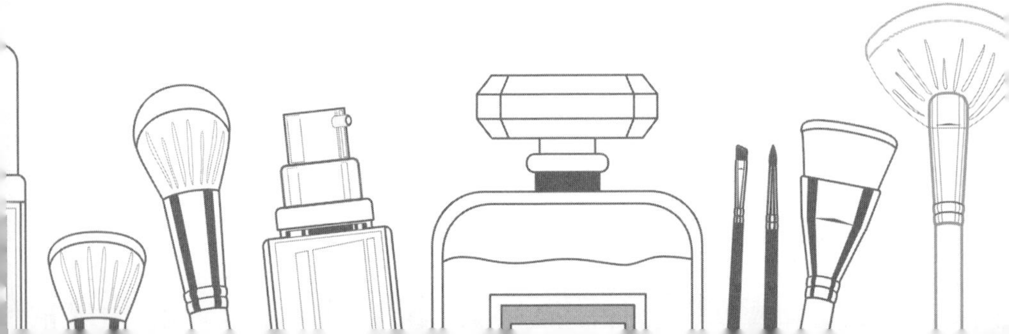

～九十度C。

3號：PVC

聚氯乙烯（PVC, Polyvinylchloride）是常用塑膠中唯一含氯的，PVC可以藉由塑化劑的添加改變軟硬程度，從水管（硬）到保鮮膜（軟）。硬性的材質會被用來做成門、窗或是水管，我們每天所使用的信用卡、會員卡等等也都是PVC做成的。加入塑化劑之後，可塑性較好，也可做成軟管水管、雨衣、人造皮革、保鮮膜、電線的絕緣層等等。

PVC主要的問題除了材質本身以外，塑化劑的添加也是一個很關鍵的問題。像是赫赫有名的DEHP（鄰苯二甲酸二（2－乙基己基）酯），就是之前食安新聞中污染食品用起雲劑的主角。

5號：PP

聚丙烯（PP, Polypropylene），PP的化學結構和PE類似，耐熱溫度

溫度高一點，大概可以到一〇〇度C～一三〇度C不會變形。外帶飲料杯的主要材質就是**PP**。此外，優酪乳、果汁、布丁杯、水桶、垃圾桶、購物籃，以及一些實驗用的耗材，都是由PP製作。

如果用到可以回收的瓶罐，特別是喝完手搖杯飲料，請將吸管抽出，並把飲料的封膜撕開，再將杯身丟到資源回收的垃圾桶，才能讓可回收的塑膠順利被回收！

6號：PS

聚苯乙烯（PS, Polystyrene）分為未發泡、發泡兩種。未發泡的PS用於建材、玩具、文具，或是免洗餐具像是免洗杯、沙拉盒、蛋盒、泡麵碗等。發泡後的**PS**則是我們所說的「保麗龍」，它的用途就不用我多說明了。**PS**耐熱溫度大概是在七十度C～九十度C，所以在新聞內容中，才會提醒大家如果是吃熱食，請避開6號湯匙，避免高溫液體溶出你不想攝取的致癌物質。

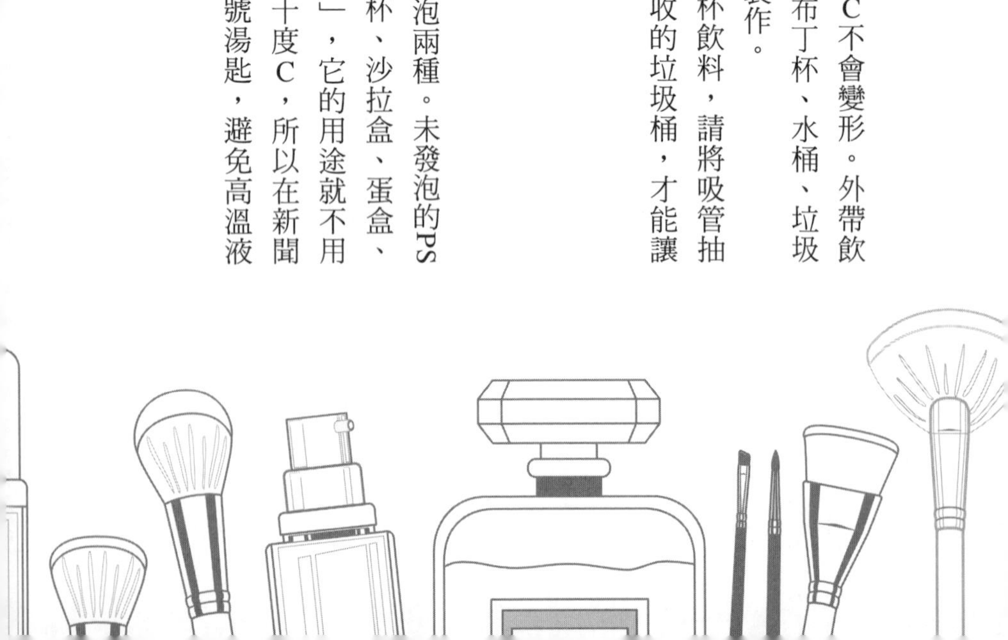

7號：其他類

編號7號的其他類別，則是有以下多種可能性：美耐皿樹脂、聚碳酸酯（Polycarbonate）、聚乳酸（PLA，PolylacticAcid）、聚甲基丙烯酸甲酯（壓克力Acrylic, PMMA）、聚苯乙烯—丙烯腈（AS, acrylonitrile~styrene copolymer）等等。

美耐皿樹脂（melamine）其實就是三聚氰胺，由於三聚氰胺之前被中國廠商加入奶粉中，因此被大家熟知。三聚氰胺不能拿來吃，卻不見得不能用，只是它也不耐熱，只要超過五十度C的水，就有機會溶出單體，上一本長化短說中寫過關於科技泡棉的文章，有相關介紹。

聚乳酸PLA則是生物可分解的環保材料，可是純PLA其實也不耐熱，大概六十度就會開始變軟變形，所以標榜能夠耐熱的PLA通常都是跟PP混合，可是一旦混合PP，就再也不是一〇〇%生物可分解材料了，先前很紅的用稻稈做的餐具，就是指PLA，第一本長化短說中寫過相關文章。拿到標示7號的塑膠餐具，如果是吃冰可以用，如果是熱

食，就不建議用了。

講完七個編號的各種材質之後，想特別提醒大家，所謂的「耐熱溫度」，其實指的都是不會變形的溫度。至於在這溫度之下，是不是完全不會溶出化學物質，沒有人可以保證。另外，隨著使用時間拉長，塑膠會劣化，耐熱溫度也會降低。

簡而言之，如果是要盛裝高溫的食物、液體，如果有得選，我的建議是盡量避開塑膠，使用玻璃或是陶瓷餐具是最好的。不過台灣的外食文化實

1	聚乙烯對苯二甲酸酯（Polyethylene Terephthalate, PET），俗稱寶特瓶。
2	高密度聚乙烯（High Density Polyethylene, HDPE）
3	聚氯乙烯（Polyvinylchloride, PVC）
4	低密度聚乙烯（Low Density Polyethylene, LDPE）
5	聚丙烯（Polypropylene, PP）
6	聚苯乙烯（Polystyrene, PS），若是發泡聚苯乙烯即為俗稱的保麗龍。
7	其他類，如美耐皿、ABS樹脂、聚甲基丙烯酸甲酯（壓克力PMMA）、聚碳酸酯（PC）、聚乳酸（PLA）等。

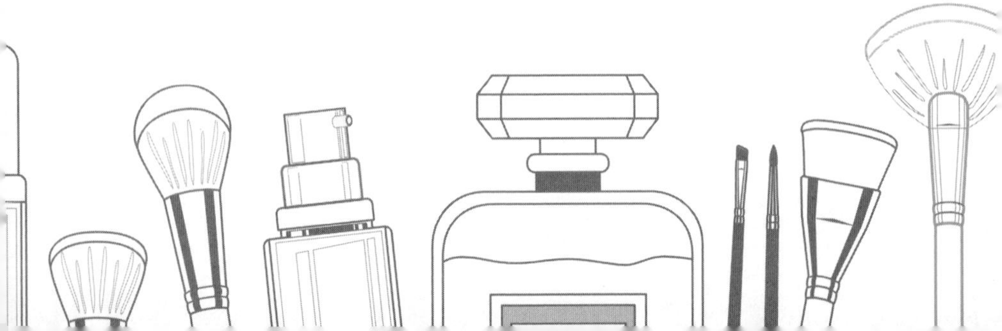

在太方便了，有時候連我自己也不見得做得到，這時候請記得要選擇**HDPE、PP**比較好一點。

結論還是那句老話：享受便利的同時，也別忘了每種選擇都是有風險的。了解越多，就更能幫助自己做出選擇。

XXXX報導

最近不僅是自來水含鋁，甜甜圈、油條含鋁，也使得「吃不完的罐頭千萬不要直接放入冰箱！小心鋁中毒！」這則流傳網路的郵件，再度引起討論。

郵件認為包括沙茶醬、玉米粒以及鮪魚罐等「鋁製」罐頭，吃完之後如果直接冰入冰箱冷藏，將造成慢性鋁中毒；若因此出現包括情緒低落、疲倦、胸悶等症狀，都可能中毒了。建議民眾將未食用完的罐頭食物置於玻璃瓶或陶瓷容器內，再放進冰箱……

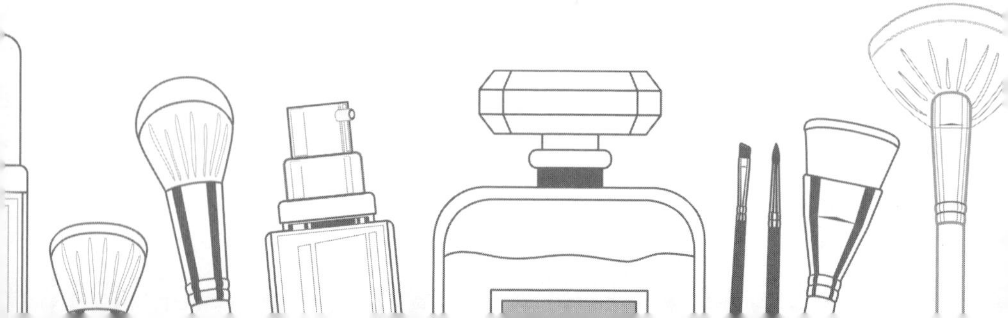

04 鋁罐沙茶醬，害你慢性鋁中毒？

最近有一則關於鋁中毒的網路謠言，又重新開始被討論，這則謠言內容非常長，大意簡言之是這樣的：鋁製的罐頭，包含沙茶醬、玉米粒以及鮪魚罐頭等等，吃完後如果直接放入冰箱冷藏，罐頭裡的鋁會溶出，造成慢性鋁中毒！因此這則謠言建議大家，如果開了罐頭沒吃完，要把食物換到玻璃或陶瓷容器內，再放進冰箱保存。

大部分罐頭是鐵製不是鋁製

首先，要跟大家說：裝食物的罐頭，基本上都不是鋁製的！罐頭的材料是「馬口鐵」，也就是鍍錫的鐵皮。所以真的完全不需要擔心會有鋁中毒這回事。錫對人體的毒性很低很低，如果要吃到會對人體有危害的量，在被毒死之前應該已經先脹死了，真的不用過度擔心。

「食物的罐頭都是鐵罐？那飲料呢？」

問得好，飲料的罐子的確有可能是鋁罐，像是可樂、汽水等飲品的確會使用鋁製的罐子，不過，這些鋁罐內層一定會有一層樹脂的塗層，因為鋁金屬其實怕酸也怕鹼，酸性的飲料直接跟鋁接觸一定是不行的，烤肉的時候檸檬汁滴到鋁箔紙都會變黑了，更何況是整罐可樂？

雖然說罐頭不是鋁做的，不用害怕鋁中毒的問題，不過罐頭打開之後，食物、鐵製罐頭接觸到空氣，的確就會開始有腐敗、生鏽的問題，所以罐頭一旦開封，就得盡快食用完畢。所以謠言的後半段，的確是有道理的：未食用完畢的食物最好換到玻璃或陶瓷容器內，再放到冰箱。

鋁鍋怕酸也怕鹼

剛剛有提到鋁其實怕酸也怕鹼，在下一篇文章就會介紹鋁鍋的相關資訊。鋁鍋最適合拿來做的事情就是煮水、煮飯、燙青菜！真的千萬千萬不要用檸檬來洗鋁製的電鍋內鍋，或是拿鋁鍋來煮需要加醋的

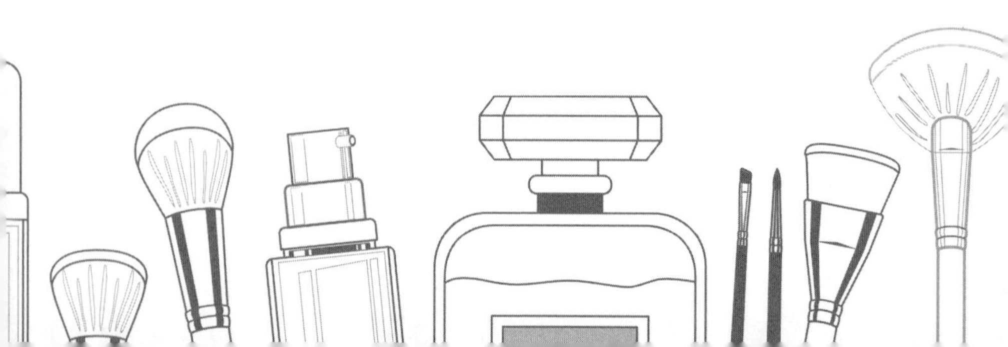

菜，如果家裡的鋁鍋已經變黑變黃了，建議用物理的方式：菜瓜布、鋼刷，或是砂紙，把髒污、變色的地方磨掉，效果好，也不用擔心其他的問題。

XXX綜合報導

電鍋是現代人居家料理的好幫手，但長期使用下來，電鍋內殘留的「陳年污垢」讓不少人感到困擾，近日有網友Po文指出，其實只要使用「檸檬」及「白醋」，不僅電鍋的污垢，就連異味都可以消除。電鍋的內鍋設計無法拆卸，使用久了會殘留污垢甚至異味，網友指出，可將兩、三顆檸檬切半放進鍋內，以八分滿的水將檸檬煮沸後關掉電源，靜置二至三小時，污垢便可輕鬆刷洗下來；而用「白醋」加水稀釋後清洗電鍋，可消除電鍋內的異味……

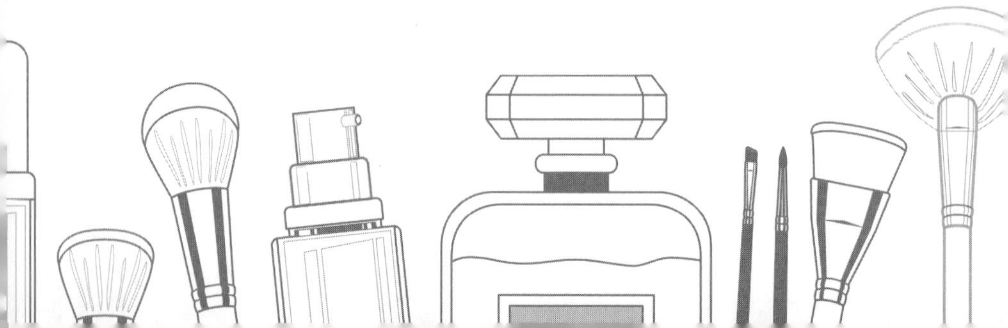

05「鋁」碰到「酸」就會變黑啊！用「檸檬洗電鍋」的後遺症是……

農曆年時，跟大家分享了鑄鐵鍋的特性跟如何保養。發表之後，每次看到粉絲留言，我都有一種錯覺：難道我，變成鍋具專家了嗎？

「謝博士，我家中的電鍋是鋁製的，要是有污漬，到底能不能用檸檬或是檸檬酸清洗？」

「有人說用檸檬酸洗會得失智症，要用小蘇打粉？」

「有人說鋁鍋不能拿來煮酸辣湯，也不能裝糖醋類的菜，不然會老人痴呆！」

「那我家都用鋁鍋煮飯，我也吃了幾十年了，會不會已經失智了？」

各位，冷靜！雖然鋁鍋的確有一些使用上要注意的事項，不過你還能看我的文章、還能留言，表示目前問題還好，千萬別恐慌！

先來說說鋁鍋為什麼好用

鋁是地球上含量最豐富的金屬元素，跟鐵比起來，鋁比較輕、導熱速度也比鐵快，所以鋁常常用來作為鍋具的材料。

此外，鋁在空氣中，表面會因為氧化形成氧化鋁，這層氧化鋁相當緻密，可以防止裡面的鋁繼續氧化（鈍化處理），所以比鐵鍋耐用的多。

鋁鍋怕酸也怕鹼

「聽起來很完美啊！所以鋁鍋容易被毀損都是網路謠言嗎？」

當然不是。不論是鋁本身，還是氧化後形成的氧化鋁，碰到酸、鹼都會起化學反應。所以不管是檸檬、檸檬酸（酸），還是小蘇打（鹼），甚至是糖醋料理中的醋（酸），都可能會跟鋁鍋產生化學反應，釋放出鋁離子。所以，鋁鍋怕酸，也怕鹼。日常生活中有個常見的情況可以說明鋁怕碰到酸這件事：在鋁箔紙上烤秋刀魚，滴上檸檬

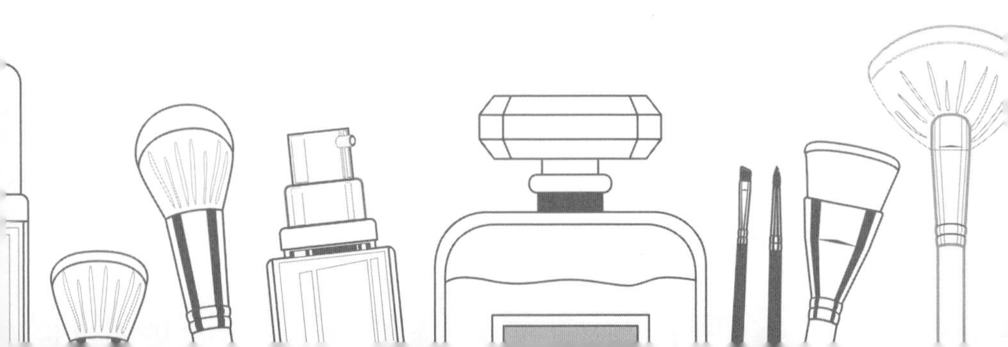

汁調味，是不是會發現沾到檸檬汁的地方，鋁箔紙變黑了？

「那怎麼辦？這聽起來很可怕！」

嗯，別忘了我一直強調的概念：有沒有毒、會不會有危險，最重要的是兩件事：一是劑量，二是你自己有多在意這件事。

只要不碰到酸、鹼，鋁鍋其實是安全的，所以煮水、煮飯、燙青菜，還是可以用鋁鍋的；會接觸到酸、鹼，又會花長時間燉煮的，就不建議使用了。如果你真的很擔心這件事，那就改用不鏽鋼鍋具吧。此外，如果家裡的鋁鍋表面已經刮花了，或是已經變黃變黑了，我建議不要再繼續使用。

至於鋁離子對健康的影響，抱歉，我不是醫生，所以沒法給出建議。不過老話一句：如果很擔心，就不要用吧！

鋁製電鍋外鍋呢？變黑又該怎麼辦？

「那變黑的鋁製電鍋外鍋呢？要怎麼清啊？」

部分電鍋外鍋的材質也是鋁，所以碰到酸、鹼，或是長時間高溫蒸煮，一樣也會變黃變黑。此外，如果內鍋食物湯汁溢出，也會在外

鍋形成污垢。

外鍋的清潔，如果是湯汁溢出，記得一定要第一時間擦乾淨，否則食物湯汁會因為反覆的加熱，形成超難去除的污垢。如果已經變黑變黃了，我建議用物理的方式：菜瓜布、鋼刷，或是砂紙，把髒污、變色的地方磨掉，效果好，也不用擔心其他的問題。至於網路上很多人推薦「用檸檬清潔外鍋」，雖然可能可以成功去污，但時間、濃度沒拿捏好，也有可能造成新的變色狀況。

那不鏽鋼鍋會生鏽嗎？

所謂的不鏽鋼鍋，其實指的是鐵的鎳鉻合金。跟鋁鍋、鐵鍋比起來，不鏽鋼鍋的確比較不容易生鏽。

「比較不容易？」

對，不鏽鋼鍋並不是完全不會生鏽！不鏽鋼的防鏽原理，其實跟鋁一樣，都是表面有一層緻密的氧化層（鉻氧化膜）。所以如果不鏽鋼鍋具表面刮傷了，或是使用過久氧化膜耗損了，還是會生鏽的，也一樣會有金屬離子釋出。

學習選擇適合自己生活方式的器具

每種工具、每種材質都有它的特性，也都有它的優、缺點，這世界上並不存在便宜、安全、耐熱、輕、導熱佳、保溫效果又好的萬能無敵鍋具啊！所以根據實際使用的狀況，及個人的喜好與需求，選擇適合自己的工具，才是合理的做法。

「那謝博士，你家用什麼鍋？」

問得好。我家燙青菜是用鋁鍋，煮開水是不鏽鋼水壺、炒菜是鐵鍋，燉東西則是鑄鐵鍋。你問我負責哪些項目？哈！我只負責鋁鍋跟不鏽鋼水壺嘍。

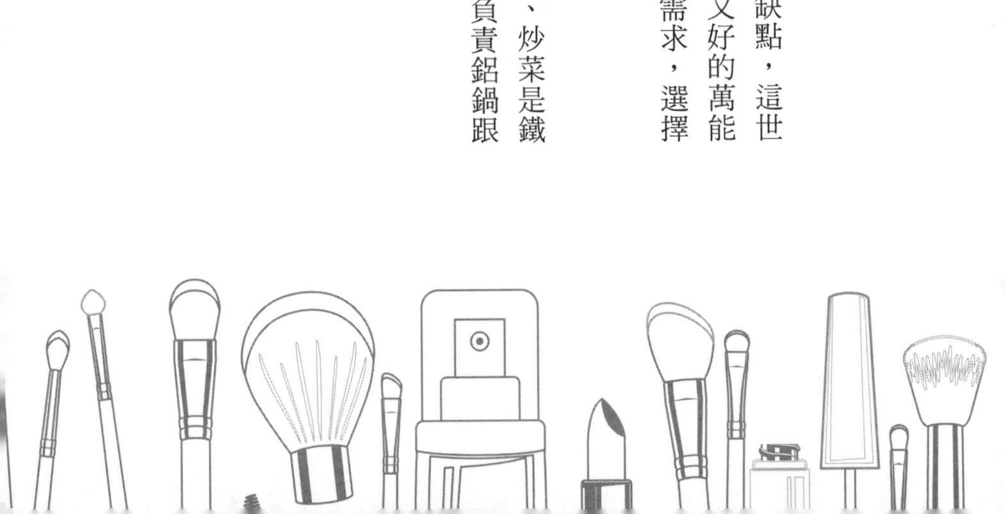

XXX報導

人體有七〇%都由水組成，每個人都知道多喝水有益健康，不過飲用水的品質也相當重要；網路流傳隔夜水容易孳生大量細菌，且水中的亞硝酸鹽含量會因為隔夜上升，喝了容易生病、嚴重者還會致癌；不過醫師解釋，其實隔夜水和千滾水中的有害物質，還不到會影響健康的劑量……

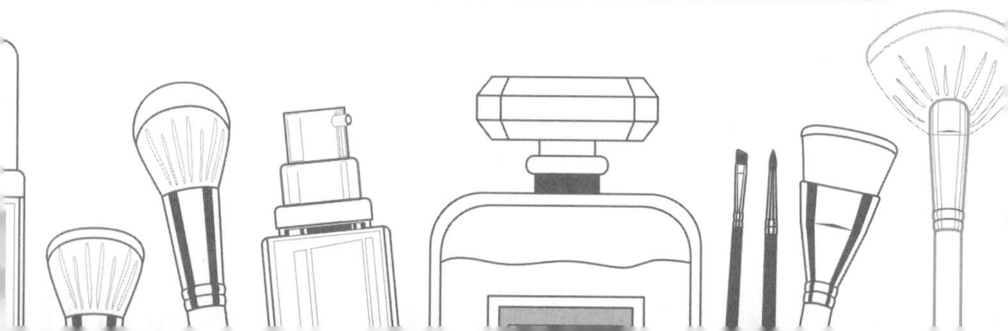

06 冬天喝熱水、煮火鍋，一定要知道的四件事

之前寫了關於鹼性離子水的文章，也解釋了一下酸鹼體質說的迷思。陸續收到好幾則網友對「水」的各種疑惑與困擾：

「謝博士，放在燒水壺中滾了又滾、一滾再滾的『千滾水』，到底有沒有問題？我在辦公室都是喝飲水機中的水，這樣是不是每天都在喝『千滾水』呢？」

「聽說不能用自來水直接蒸東西，請問是真的嗎？我看網路說這樣會把氯都吃進肚子裡！」

「我去溫泉風景區，看到人家煮地熱火鍋，都是直接把雞蛋、玉米、茭白筍、花生丟下去煮，這樣可以嗎？會不會吃進去什麼不好的化學物質？」

這些問題都滿有趣的！不過，在回答問題之前，我想再跟大家溝

通一個重要觀念：「物質會不會對人體造成影響，重點不在物質，而是在於劑量！」

第一件：千滾水問題不大，用快煮壺更要注意的是水壺的材質

千滾水，指的是已經煮滾沸騰過的水，又不斷重複沸騰。網路傳言說：「千滾水中的亞硝酸鹽，含量會隨著重複煮沸而不斷增高，所以喝千滾水會造成亞硝酸鹽中毒，甚至致癌。」

首先，來看看劑量。要靠喝水喝到亞硝酸鹽中毒、死亡真的很難！反覆加熱的確會讓水中的亞硝酸鹽含量增高，不過即使加熱十次，水中的亞硝酸鹽還是不會超標。喝一杯完全不會有問題，燒一壺水分次喝完也是可以的。如果真的擔心亞硝酸鹽的攝取，與其擔心含量其實很低的「千滾水」，不如少吃些香腸、熱狗等加工肉品。這就是剛剛提到的劑量觀念。

其實就煮開水這件事，相對於煮幾次，我比較想提醒大家的是熱水壺的材質，建議會與熱水接觸的地方盡量避免塑膠材質，包含壺

嘴、壺蓋等等，都盡量避免有塑膠。即使產品標榜使用耐熱塑膠，在反覆高溫煮水的情況下，還是可能會溶出化學物質，更何況是天天用的快煮壺，大概三個月到半年就會開始有劣化的現象了。

用自來水蒸食物，會把氯都吃進去？

自來水中含有氯是事實，不過自來水都是經過檢驗的，水中氯的含量也都符合標準，不至於會因為用自來水蒸煮食物就影響人體。不過如果你很在意，那就不要使用自來水，煮飯烹飪時使用開水或是過濾過的水。

第二件：火鍋湯才是大重點

冬天到了，吃火鍋的季節也到了，我想建議大家：火鍋湯盡量不要喝。

既然是火鍋，當然有許多火鍋料，而大部分火鍋料，不管是各種丸類、餃類，還是豆皮、豆腐等加工豆製品，都是食品，而不是食

物，所以多多少少都有添加食品保存劑；吃單品都沒有問題，但所有料加在一起，火鍋湯裡食品保存劑的濃度很有可能超標。再加上前文提到的亞硝酸鹽類……嗯，真心建議，火鍋湯還是不要喝比較好。

另一個火鍋湯中可能超標的物質是「磷酸鹽」，磷酸鹽在蔬菜、肉類中都有、火鍋料中也會添加，當所有食材當中的磷酸鹽，全部都溶出在湯底時，小小一碗火鍋湯，就可能讓你攝取過多的磷酸鹽。磷酸鹽攝取過多不至於中毒，可是確實會造成腎臟的負擔，因此建議大家盡量少喝火鍋湯。同樣的道理，關東煮、滷味的滷汁也會因為長時間烹煮菜、肉、火鍋料等食材有類似的狀況。有習慣喝滷味、關東煮湯的人，也要多注意，別多喝。

第三件：別用塑膠餐具

講到喝熱湯，另一個需要注意的就是餐具的材質：建議不要使用塑膠餐具。塑膠製品不耐高溫，所以火鍋的湯勺、湯碗、湯匙最好都不要用塑膠免洗餐具。本書第一〇二頁有關塑膠湯匙編號的文章，分

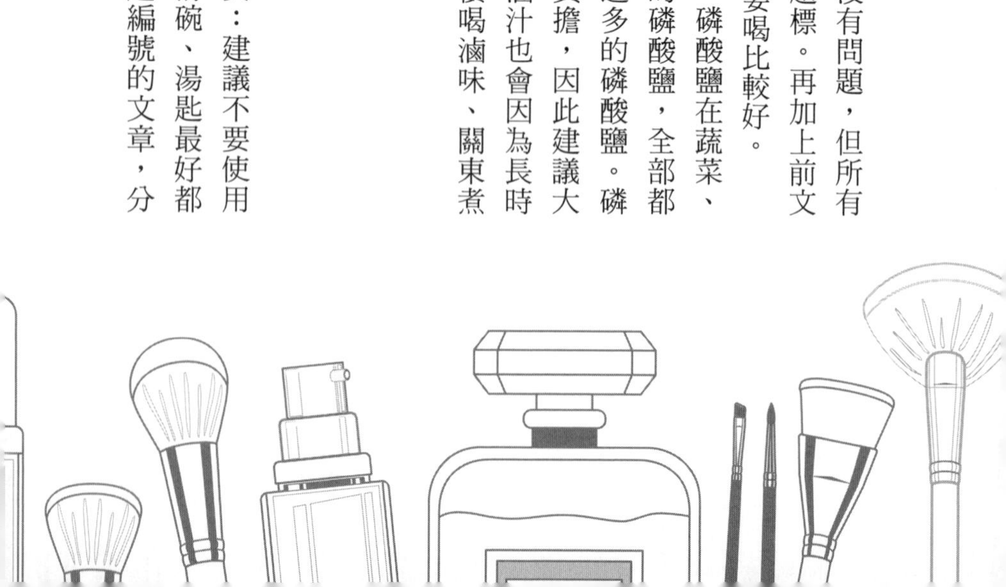

析過七種不同塑膠的耐熱溫度，如果真的不得不用，記得編號2號（HDPE）、5號（PP）是比較好一點的。

第四件：地熱火鍋：天然跟安全是不相干的兩回事

「煮地熱火鍋很好玩，可是真的安全嗎？」

首先，我們先來講包食材的材質。煮地熱火鍋會看到有人用塑膠漁網、鋁箔紙包裹食材，丟進地熱火鍋中煮。漁網是塑膠材質，的確有可能會有物質溶出，所以我是不建議使用。鋁箔紙溶出鋁是有可能的，不過會不會對人體造成影響的重點還是在於劑量，如果不是天天這樣吃，應該不會有太大的問題。

也有人煮地熱火鍋時不使用容器，而是把食材直接丟到溫泉水裡面煮。溫泉水雖然是天然湧出，但並不像自來水經過處理、符合各項檢驗標準；此外，溫泉水的成分很複雜，會不會有化學物質超標，會不會造成中毒，目測是很難被確認的。所以我的建議是：直接用溫泉「原湯」煮食材，能避免還是盡量避免吧。

分析了這麼多，不知道大家有沒有發現觀念都是一樣的：「物質會不會對人體造成影響，重點在於劑量！」只要用這個標準下去判斷，相信可以減少生活中不必要的擔憂，並讓自己做出更多聰明的生活選擇！

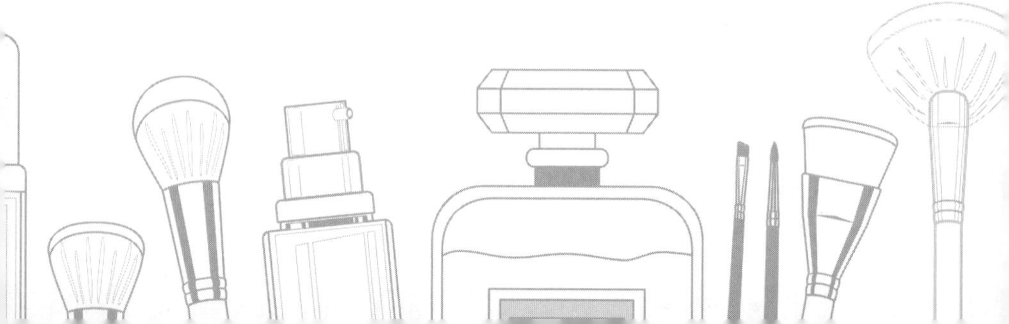

第 4 篇

民以食為天

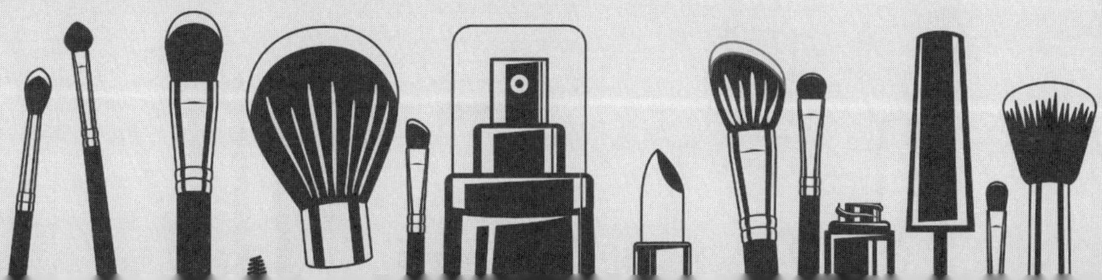

XXX綜合報導

農曆春節期間，家家戶戶都會準備糖果餅乾，待過年親朋好友來拜訪時能享用，眾多懷舊的「古早味年糖」擺上桌，讓過年更有氣氛、充滿喜氣。有網友在《Dcard》發文，她說：「是否跟我一樣覺得越長大的過年越沒氣氛，以前最期待過年大拜拜整桌吃不完的零食，還有回阿公阿嬤家桌上一定要擺著這樣一盆糖果盒，想來欽點消失在我人生好一段時間的古早味年糖。」

網友們看完留言，「難吃的巧克力金幣跟魚還有元寶」、「核桃糕超讚啊，過年不能沒有核桃糕！」「開心果好好吃，可是吃多了會長痘痘＋變肥」、「還有昆布糖」、「我超喜歡中間有梅子的那種糖！」還有網友說：「寸棗是唯一真理！」

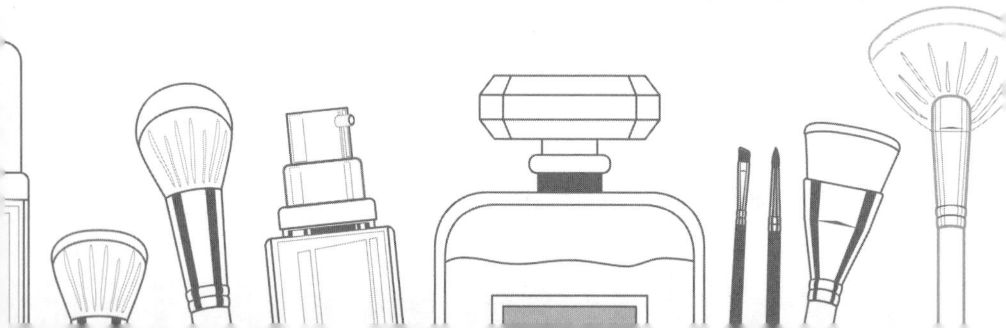

01 懷舊過年零食怎麼這麼便宜！

過年回老家的時候，巷口柑仔店的懷舊零食，像是「金元寶巧克力」、「紅色的大豬公肉條」、五彩繽紛的「戒指糖」、「口紅糖」……除了數十年如一日的口感，這些東西的價格也幾乎沒有漲，還是很便宜！小時候一元可以買兩個金幣巧克力、現在一個也只要一元，你有沒有想過，到底這些零食都是什麼東西呢？為什麼可以這麼便宜？

過年人手一大把：金幣巧克力？

金幣巧克力，或是金鯉魚、金元寶、足球造型的巧克力等等，它的主要成分是牛奶巧克力，可可的含量通常低於五％。除了可可的含量較低之外，便宜的巧克力使用的油也不一樣，早期會以氫化植物油

替代可可脂，氫化植物油不但成本較低，在氫化過程會改變脂肪酸的分子結構，可以讓油更耐高溫、不易變質，並且增加保存期限。

當油完全氫化時是不太會有問題的，不過，不完全氫化植物油會含有反式脂肪，這是一種比飽和脂肪酸更不健康的脂肪酸，所以許多國家近年來紛紛要求食品製造商必須在產品上標注反式脂肪含量。在台灣，衛福部從二〇一八年七月一日起，禁止食品中使用不完全氫化油，降低我們食用到反式脂肪的機會。

簡言之，很便宜的巧克力可可含量較低，使用的油也不一樣。

紅通通的大豬公肉片，其實是魚漿？

有一種紅紅的「肉片」，罐子上畫著一隻大大的豬公，罐子上寫著「風味肉片」，味道鹹鹹辣辣的，吃的時候，手跟舌頭還會紅紅的。小時候我就一直覺得這個「肉片」不太有肉的味道，反而跟鱈魚香絲比較像。長大以後才知道，原來這個「紅紅的肉片」真的不是肉做的，它的原料其實是：魚漿！

為什麼明明是魚卻要假裝是豬呢？這要回到這款零食出現的

一九六〇年代，當時台灣的食品加工業正在發展，用魚肉製的零食，對當時的市場還很「新潮」，接受度不高，再加上當時還是農業社會，不是每個家庭都能夠餐餐吃得起豬肉、雞肉，所以用「大豬公」、「海底雞」來命名，是很聰明的行銷作法，也讓這款零食變成大家的童年回憶。

有趣的是，其實廠商當時也有推出沒有色素的「白色大豬公肉片」，可是銷量並不好，反而是添加色素的紅通通肉片，一直長銷到現在。

超級有型的戒指糖、口紅糖

糖果的組成大同小異：砂糖、麥芽飴、水、色素、香料。由於糖分很高，細菌因為被脫水無法生存繁殖，所以幾乎不需要加防腐劑。從口感來看，糖果又可以分成慢慢含著的硬糖，還有可以嚼的軟糖。糖的軟硬度是因溫度、含水量，以及凝膠成分的添加種類、比例來決定。硬糖，就是把糖和水煮沸後，加入調味劑、色素，急速降溫冷卻，避免糖結晶析出製作而成。

軟糖則是靠著添加不同的凝膠物質，造成不同的口感。小時候慶生會上必備的乖乖桶，就是加入果膠做成的軟糖；有可樂味道的可樂瓶橡皮糖或是小熊軟糖，則是加入「吉利丁」製成的，成分標示上有時候會寫「明膠」，其實都是同一種東西。吉利丁（Gelatine）就是動物皮、骨內的膠原蛋白，是一種無味的膠質，這也是這些軟糖很有嚼勁的原因。

可以吵鬧的逼逼糖、裝大人的香煙糖

香煙糖和可以發出逼逼聲響的逼逼糖，製作的原理差不多，都是以砂糖或葡萄糖粉做的糖錠。

一個一元的果凍

還有一種水果風味的綜合果凍，一盒十個只要十元！這個價格，扣完包裝需要的成本，其實真的可以拿來做果凍的錢已經寥寥無幾，不太可能含有天然的水果成分，真正有的東西就是：水、糖、凝膠、

色素、香料。

聽起來好像很可怕！不過，就像我常常說的，不好的物質要對人體產生影響，其實還是跟實際吃進去的劑量有關。如果不是天天當三餐吃，只是過節應景吃個幾顆，大家其實不必太擔心對身體造成太大影響。畢竟，過年就是要開開心心的啊！

綜合外媒報導

瑞典馬爾默博物館裡收藏了「世界上最噁心的八十種食物」，其中包含祕魯的油炸豚鼠、撒丁島的活蛆奶酪和華人飲食的皮蛋、臭豆腐等，預計將於十月三十一日正式開放參觀。

位在瑞典第三大城市馬爾默的「馬爾默博物館」，將於當地時間十月三十一日展出全世界各地最「有爭議的」八十種食物，也可以說是世界上最「噁心」的食物，其中包含有強烈氣味的瑞典醃製鯡魚罐頭、南亞水果榴槤，祕魯的油炸豚鼠、義大利撒丁島最受歡迎的活蛆奶酪、牛睪丸，和華人愛吃的皮蛋、臭豆腐和辣兔頭等，相當特別。

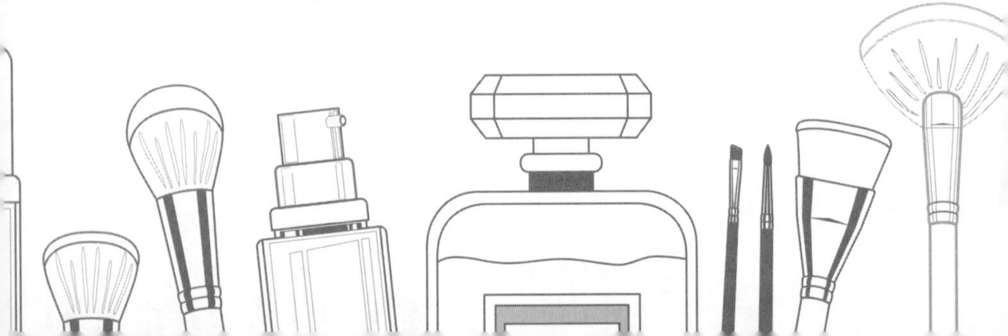

02 越臭越受歡迎？神祕美食製程大公開！

華人飲食文化中，有些很「特別」的食物，在氣味、口感、外觀上相當特別，有些人往往無法接受，外國朋友更是退避三舍！像是臭豆腐、皮蛋、蒟蒻、鹼粽、豆腐乳等等，顏色與味道真的很啟人疑竇，讓人不由得懷疑它們的製作方法是不是有什麼不可告人的祕密。但事實上，它們的製程其實都很「科學」，今天就來跟大家分享。

從黃豆到臭豆腐

簡單的說，臭豆腐就是把豆腐泡在「臭滷水」進行發酵，再加鹽醃製，成為有獨特風味的臭豆腐。

傳統做法，臭滷水是利用蔬菜，如莧菜、竹筍、菜心等等，在常溫下「發酵」製成的。所謂「發酵」，其實就是這些蔬菜中的醣類被

細菌分解的過程。現在因為技術的進步，都會是用發酵菌接種的方式，直接培養臭鹵水，不但發酵的時間短，而且可以控制菌種，安全衛生。

臭豆腐之所以會臭，其實是因黃豆中的蛋白質分解成胺基酸，產生氨、硫化氫、揮發性胺類等等具有臭味的物質。這跟皮蛋的臭味來源是一樣的。如果在製作臭鹵水的過程中加入肉、蝦、蛋等動物性蛋白質，味道就會更臭。

臭豆腐跟豆腐乳其實是近親

簡單的說，豆腐乳是將豆腐利用黴菌發酵、醃製，再二次加工的豆製品。

首先會將黃豆製作成硬豆腐，再加入黃豆麴後熟成，或是接種毛黴菌培養成黴豆腐，再浸鹽水、加調味料熟成。市面上看到的調味豆腐乳，像是「臭豆腐乳」，或是添加麻油、辣油製作成「麻油豆腐乳」或「辣味豆腐乳」，都是以接種毛黴菌方式製作成的。

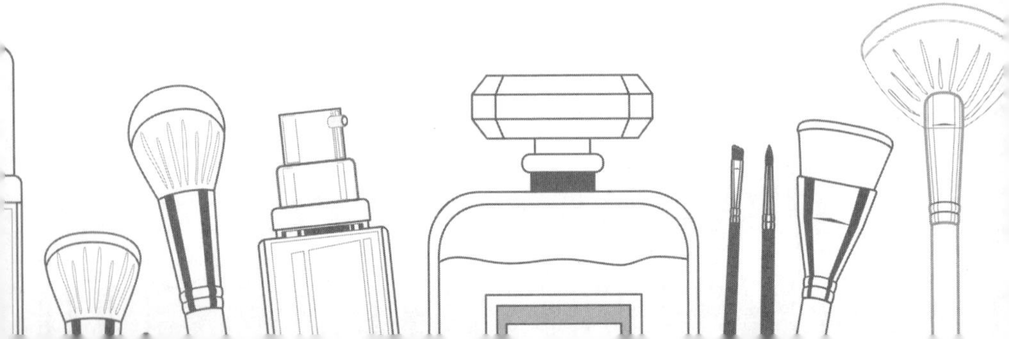

蛋怎麼變成皮蛋？

黑黑的皮蛋，與白白嫩嫩的水煮蛋，感覺根本不可能來自同一種東西。從英文中稱呼皮蛋為Century-egg、hundred-year egg，不難想見外國人覺得皮蛋有多神祕了。

首先，皮蛋不是用雞蛋做的！用的是比雞蛋略大的鴨蛋。

皮蛋的製法，也並不神祕。把皮蛋用鹼性物質包覆起來，隨著鹼性物質慢慢滲入，蛋白、蛋黃漸漸固化，就變成我們看到的樣子了。

「那尿味是怎麼來的？」

皮蛋在鹼化的過程中，胺基酸會分解產生氨和硫化氫，味道跟阿摩尼亞類似，就是大家所謂的「尿味」了，這也是「皮蛋是泡馬尿做成的」誤解的由來。

「為什麼有些皮蛋買來的時候，外面會有泥巴？」

傳統做法，是利用植物燒成的草木灰，跟石灰、稻殼、黏土混合後，敷在鴨蛋表面，進行鹼化熟成，稱為「塗敷法」。現在工業製造，會直接使用鹼性溶液浸泡進行鹼化，稱為「浸漬法」。所以看到外殼有殘留泥巴，就有可能是是用傳統製程的。當然，也不排除是另

外塗上製造古早味效果啦。

「聽說皮蛋製程會用到鉛，吃多了會鉛中毒，是真的嗎？」

過往為了提高皮蛋製造的成功率，會加入一氧化鉛（黃丹）。一氧化鉛會在蛋殼表面形成鉛化物沉澱，讓鹼性物質滲透的速度得到控制，增加成功率。現在基本上都改用鋅化物、銅化物取代氧化鉛了。如果還是會擔心，請選購通過國家標準的皮蛋。

其實皮蛋需要注意的不是鉛，而是「鈉」，一顆皮蛋的鈉含量大約是四百八十毫克左右，是衛生福利部建議成人每日鈉總攝取量的五分之一。所以如果有高血壓、心血管疾病，要特別注意。

蒟蒻、鹼粽是「鹼化」製成的食品

蒟蒻的原料，其實來自名為「蒟蒻芋」的植物。蒟蒻芋含有大量的草酸，具有生物毒性，不可直接生食，要經過水洗、加鹼煮沸加工，才是我們看到的「蒟蒻」。當你拿到一包口感Q彈的蒟蒻，發現食品成分標示上，有氫氧化鈣和碳酸鈉，不要擔心，因為蒟蒻真的是這樣做出來的。

鹼粽則是利用鹼性物質，讓糯米中的支鏈澱粉產生交聯，形成彈牙口感。但請特別注意：鹼粽口感雖好，但製作鹼粽的「鹼水」透明無色，很容易誤食造成食道灼傷，請千萬千萬千萬要小心！

在專業分工的社會裡，我們都變成「只吃過豬肉，沒看過豬走路」的現代人，很多食物的原理、如何製成的資訊都變成冷知識。其實掌握越多知識，不只是下次品嚐食物時會有不同風味，也可讓你更不容易被錯誤的資訊誤導，減少生活中不必要的擔心與困擾！

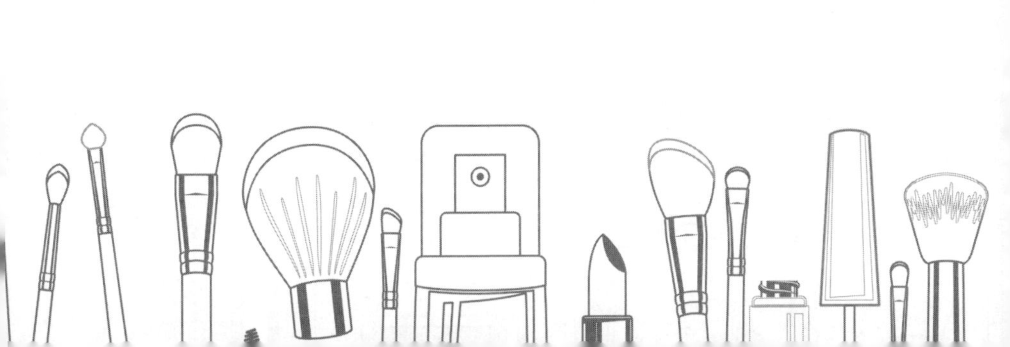

XXX報導

大家知道可口可樂裡面很多糖，但同樣好喝的零卡可口可樂裡面到底是什麼呢？YouTube家庭實驗頻道「Home Science」在二〇一四年做的實驗，他們將兩種可口可樂都在鍋子上燒乾……想知道裡面的成分有什麼不同？

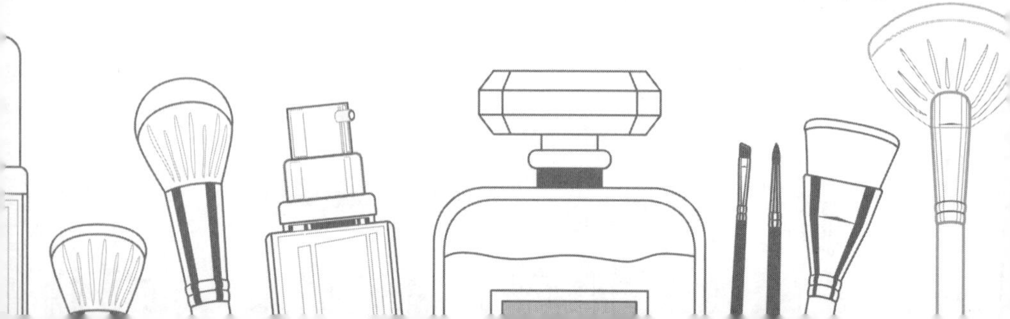

03 將「可口可樂」跟「零卡可樂」用鍋子燒乾後，燒出了黑黑稠稠的黏液……

朋友傳了一支網路影片給我，片中用鍋子把一般可樂、加了代糖的零卡可樂分別加熱，一段時間後，可樂剩下黑黑稠稠的物質，零卡可樂看起來卻什麼也不剩。朋友問：

「可樂跟零卡可樂到底有什麼不一樣？加了代糖有比較好嗎？代糖到底是什麼東西？」

這題答案如同以往：並沒有簡單的答案。

人類對「甜」的需求

甜是一種主要的味覺，會讓人心情愉悅。所以有人的地方，就有甜食。過去甜味主要的來源是蔗糖，然而在食品工業還不發達的年

代，蔗糖其實是一種稀有昂貴的資源；另外，蔗糖熱量不低，容易引起肥胖，糖尿病患者也無法享受。因此，用其他的物質得到「甜味」，一直是個熱門的研究主題。

一八七九年，美國約翰霍普金斯大學化學家康士坦丁·法爾伯（Constantin Fahlberg）發現糖精（Saccharin，鄰苯甲醯磺醯亞胺），這也是人類發現的第一個人造甜味劑（代糖）。時至今日，各種不同特性的甜味劑有數十種之多。

為什麼可以用人工的方法製出有甜味的東西？

這其實跟我們如何感覺到「甜味」有關係。舌頭上有「甜味」的接受器，只要化學分子可以和這個接受器結合（部分結合也可以），我們就會感受到甜味。而人工甜味劑的開發，就是想辦法找出能與甜味接收器結合的分子。用個簡單的比喻，人工甜味劑其實是「騙」你的舌頭以為吃到糖。

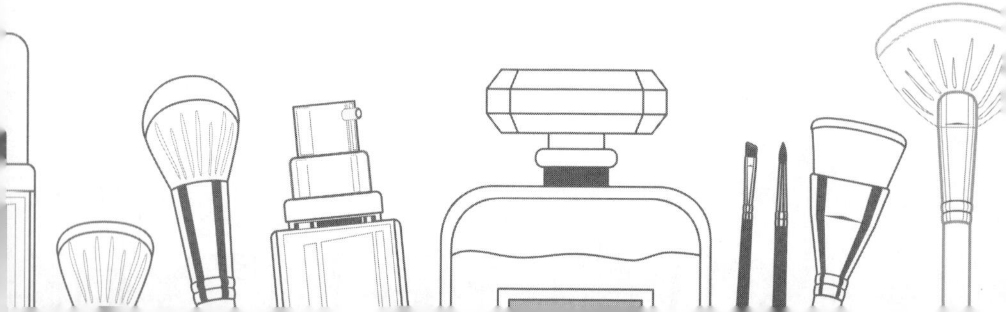

為什麼跟一般可樂相比，零卡可樂的鍋底看起來沒有東西？

好問題！因為像阿斯巴甜（Aspartame，天冬氨醯苯丙氨酸甲酯）這樣的甜味劑，甜度大概是蔗糖的一百五十～二百倍，所以只要少少的用量，喝起來就一樣甜。所以把零卡可樂燒乾，鍋子不會剩下焦黑的糖：因為本來就用的少。此外，這也是零卡熱量低的原因：雖然阿斯巴甜每公克產生的熱量也是四大卡，跟蔗糖差不多，但是因為用量少，所以相對之下，熱量就少到可以不用去計較了。

鳳梨被驗出糖精？

相較於蔗糖，人工甜味劑的甜度高，熱量低，成本也比較便宜，所以在食品工業上，有時會使用人工甜味劑來增加食品甜度。在台灣食品添加物的規範標準中，每公斤的瓜子、蜜餞及梅粉等商品最多可添加二公克；在碳酸飲料中每公斤最多可添加〇．二公克；但是在冷凍水果中是不得添加的。有個鳳梨被檢驗出糖精的新聞，糖精是人工

甜味劑的一種，甜度大概是蔗糖的三百～五百倍，雖然是合法的添加物，但是水果中是不得添加的，更何況還是標榜「天然」「有機」的品牌，也因此這個新聞引起大家的關注。

代糖到底安不安全？

代糖對於高血壓、高血脂、高血糖的「三高」族群來說，是想嚐甜頭時的替代方案。以最常用的阿斯巴甜為例，目前世界上已有超過九十個國家，准許阿斯巴甜作為食品添加劑，台灣也是其中之一。衛福部也公布了二十五種甜味劑的使用規範。簡單說，這些「代糖」早已經存在於食品之中，我們每個人多多少少總會吃到的。

「那到底安不安全？」

如同我們常提的概念：安不安全，要看劑量。以阿斯巴甜為例，歐盟規定成人的阿斯巴甜每日容許攝取量為40mg/kg，美國FDA 則規範為50mg/kg。也就是說，如果以一罐三百五十五毫升無糖可樂做計算，阿斯巴甜約含一百八十毫克，一位體重七十五公斤的成年男性，需要飲用大約二十一罐（七·三公升）無糖可樂，才會達到FDA規定的每

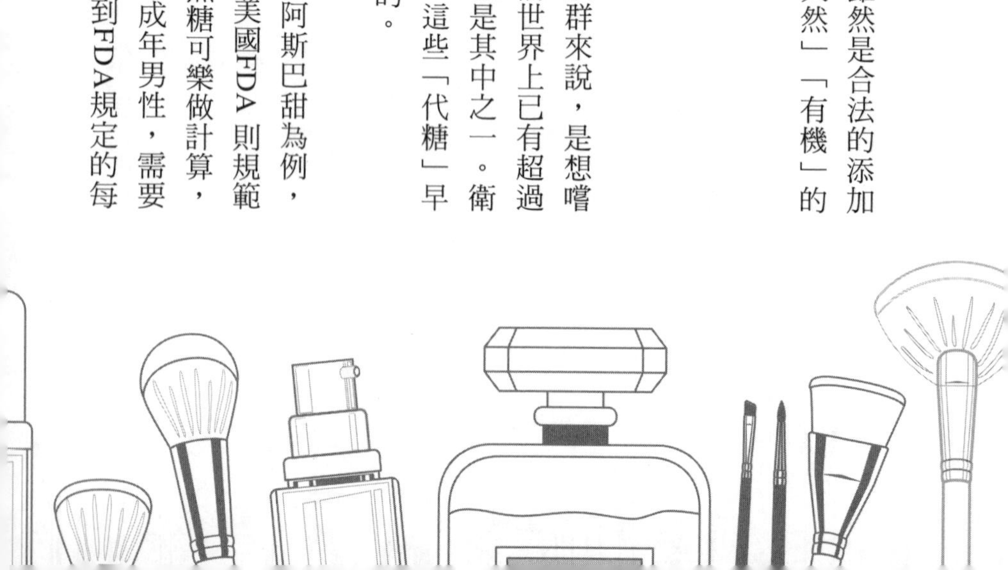

人每日的攝取上限。以劑量來看，我們每天從喝飲料攝取的代糖，都會落在安全的範圍。

然而，關於代糖的爭議，從一九七〇年代在美國被准許成為食品添加物起就從未間斷。從致癌到對於代謝、心血管疾病的影響，各種相關研究持續進行，支持和反對的聲音都有。所以，我不可能跟你說，代糖百分百安全，隨便吃盡量吃。

「所以，代糖有毒不能吃？」

當然不是。我還是那句老話，「安不安全？是否需要避免？第一看劑量，第二看個人標準。」如果你是一個對食品添加物零容忍的人，想追求一〇〇%純天然飲食，那我可以跟你說，大部分的代糖是人工的，就算是天然來源的代糖，也一定經過人工萃取跟純化，你可以完全不用考慮；但如果你身體健康，沒有糖尿病、丙酮尿症，沒有每天都要喝十幾瓶零卡可樂，那真的不用太擔心代糖對健康的危害。

再來，與其爭論代糖的安全性，不如好好想想，你真的需要喝那麼多含糖飲料，吃那麼多甜食嗎？一天到晚斤斤計較這個有沒有毒、那個傷不傷身，還不如好好檢視自己的飲食習慣，口渴多喝水，不要整天含糖飲量不離手，比較實際。

XXX報導

知名品牌鮮奶遭客人投訴出現好幾起「保存期限前變質」的問題，美式賣場決定「自主下架」。該品牌牛奶出問題已經不是新鮮事，每次出事該品牌回應永遠都在「速溫殺菌」上打轉。到底「速溫殺菌H.T.S.T.」、「超高溫滅菌U.H.T.」有什麼差異呢？營養價值跟保存期限孰輕孰重呢？網路上眾說紛紜，譴責有之，護航聲也不少……

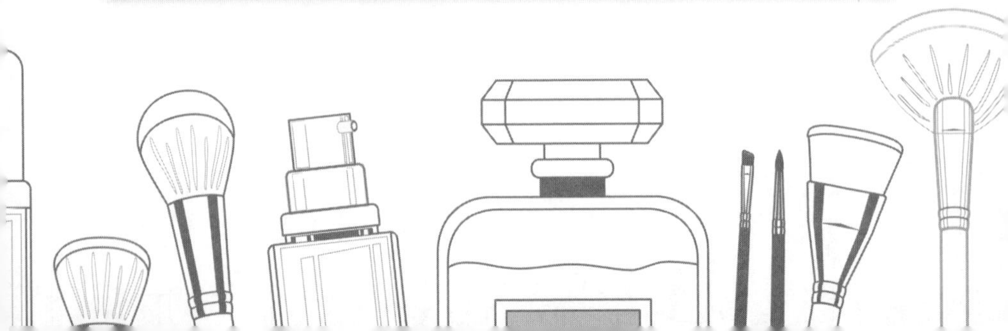

04 我買到的到底是什麼奶？

每天上午大概十點半，辦公室都會出現這樣的對話：

「怎麼沒有牛奶了？這樣怎麼泡咖啡啊？」

「職福會為什麼不多買一點啊？」

牛奶一直都是熱門飲品。不管是直接喝、泡咖啡，還是做蛋糕甜點，總是少不了牛奶。可是你知道，什麼是牛奶嗎？

「謝博！這什麼鬼問題啊！牛奶不就是牛的乳汁嗎？」

牛奶只是統稱，鮮乳可是有CNS標準的

其實我們常說的牛奶，只是一個統稱，根據CNS國家標準，牛奶跟羊奶，根據製造過程的不同，是有嚴格定義的：

生乳（CNS 3055）：，從健康乳牛、乳羊擠出，經冷卻且「未經

其他處理」之生乳汁。

鮮乳（CNS 3056）：以生乳（CNS 3055）為原料，經「加溫殺菌包裝」後冷藏供飲用之乳汁。

調味乳（CNS 3057）：以五〇%以上之CNS3055（生乳）、CNS3056（鮮乳）或CNS 13292（保久乳）為主要原料，「添加調味料等加工」製成之調味乳。

保久乳（CNS13292）：以生乳（CNS 3055）或鮮乳（CNS 3056）經「高壓或高溫滅菌」，以無菌包裝後供飲用之乳汁。

乳飲品（CNS 15792）：將乳粉（奶粉）或濃縮乳加水還原成與原鮮乳比例相同的還原乳，並且乳成分占總內容物含量五〇%以上；或是將還原乳混合生乳、鮮乳或保久乳後，占總內容物含量五〇%以上。乳飲品可以混合其他非乳原料及食品添加物製成未發酵飲用製品。

這裡面，請特別注意「調味乳」跟「乳飲品」的差異：乳飲品是可以使用還原乳（奶粉泡的），而調味乳不行。但不管哪一種，牛奶都要占五〇%以上。所以下次要是看到標榜有加牛奶，但正式品名上不敢標註「調味乳」、「乳飲品」的，不用懷疑，裡面的牛奶含量一

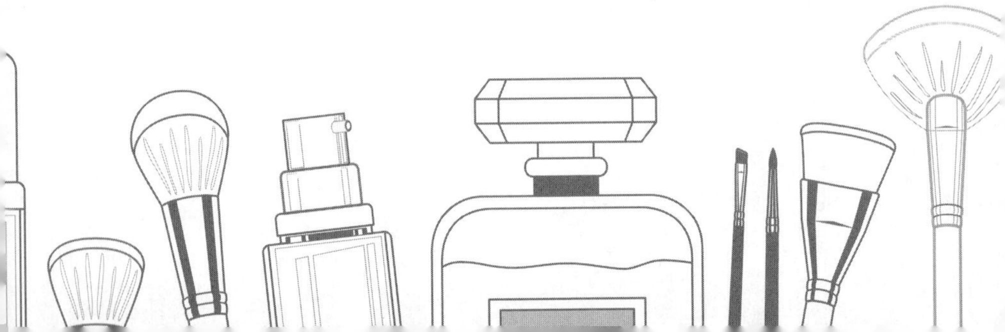

定不到一半！

「保久乳跟鮮乳差別在哪裡？」

生乳剛從乳牛身上擠出來，會受到環境中微生物污染，再加上生乳營養很豐富，人喜歡喝，細菌也很喜歡！所以如果不進行「熱處理」，就會造成細菌孳生，牛奶就會變酸變臭。生乳常用加熱殺菌方式有三種：

低溫長時間殺菌（Low Temperature and Long Time, LTLT）：六十二—六十五度C／三十分鐘

高溫短時間殺菌（High Temperature and Short Time, HTST）：七十二—七十五度C／十五秒

較高溫短時間（Higher-Heat Shorter Time, HTST）：八十—九十度C／十五秒

超高溫滅菌（ultra-high temperature, UHT）：一百二十五—一百三十五度C／二—五秒

「喔，所以滅菌方式不同，決定是鮮乳還是保久乳嗎？」

哈！很多人都是這麼想的，但其實並不一定喔。用LTLT、HTST、HHST處理的，會標示成鮮乳，保存期限也比較短，未開封也有可能長菌。但有些品牌為了確保鮮乳的保存期限，會使用UHT滅菌。根據法規，只要滅菌後全程冷藏保存，即可標示為鮮乳。

如果使用UHT滅菌，加上無菌充填跟常溫保存，那就是保久乳了。多半可以保存半年以上。

所以，別再覺得鮮乳跟保久乳有差別了：只要喝得時候溫度一樣，其實根本就是一樣的。

「我聽說台灣的鮮乳喝起來比較香，是因為摻奶粉！商人好黑心！」

呃……不要再以訛傳訛了，根本不是那麼一回事。台灣大部分的鮮乳品牌，為了安全起見，都是用UHT滅菌。還記得之前在「毒黑糖事件的啟示」中提過的梅納反應嗎？UHT的高溫，讓牛奶產生梅納反應，所以會比較香、口感也比較濃厚；而使用LTLT、HTST、HHST處理的鮮乳，就比較少加熱後產生的「濃、純、香」，保留比較多生乳原本的風味。喜歡哪一種口味，自己選擇嘍。

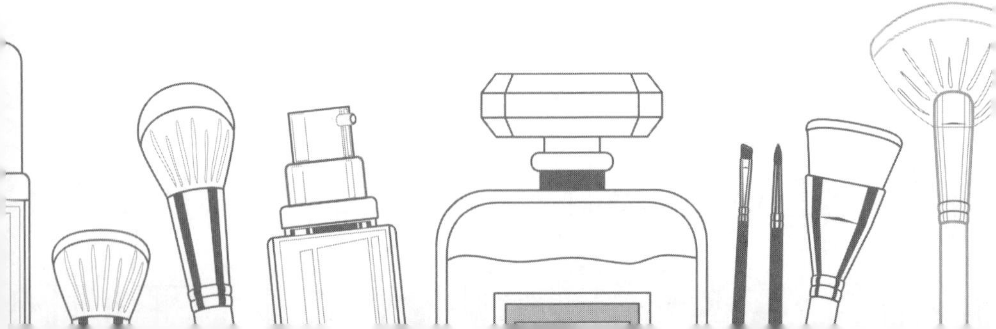

「那營養價值呢？」

嗯，當然會有一些差異。有些營養素，像是水溶性維生素、離胺酸，高溫下會分解、變性。但是這並不是牛奶的主要營養價值所在。所以就整體來說：加熱對牛奶的營養價值幾乎是沒有影響的。所以不用再糾結這件事啦。

低脂高鈣怎麼來？

市面上也有不少營養強化、低脂鮮奶，這些也都是有國家標準的：

高脂三．八%(m/m)以上

全脂三%～三．八%(m/m)

中脂一．五%～三%(m/m)

低脂〇．五～一．五%(m/m)

脫脂　未滿〇．五%（m/m）

強化鮮乳：可添加如寡醣類、酪蛋白、乳鈣、乳鐵蛋白或其他生乳中（除水分外）之營養素，其添加物及使用量應符合衛生主管機關公布之品項，使用範圍及用量標準。

低乳糖鮮乳：乳糖二%以下，另有無乳糖鮮乳（乳糖〇．五%以下）供乳糖不耐者飲用。

所以大家可以根據需要，選擇自己想喝的鮮乳唷。

「那奶粉呢？」

奶粉是把將殺菌後的生乳，利用噴霧乾燥去除水分，變成粉末狀的奶粉。因為不含水分，所以保存期限更長，一般來說可以二～三年。而且重點是：攜帶方便、不用低溫，想喝的時候，加水沖泡即可。

「說了這麼多，是不是去牧場喝剛擠出來的新鮮生乳最好？」

萬萬不可唷！前面講了那麼多，大家有沒有發現有很大的一部分都在講殺菌？生乳裡面的生菌數是很高的，如果沒有經過加熱殺菌，直接喝下肚，是會拉肚子的！千萬不要盲從「新鮮的最好」。

以上就是對牛奶的相關介紹，希望可以幫助到大家。

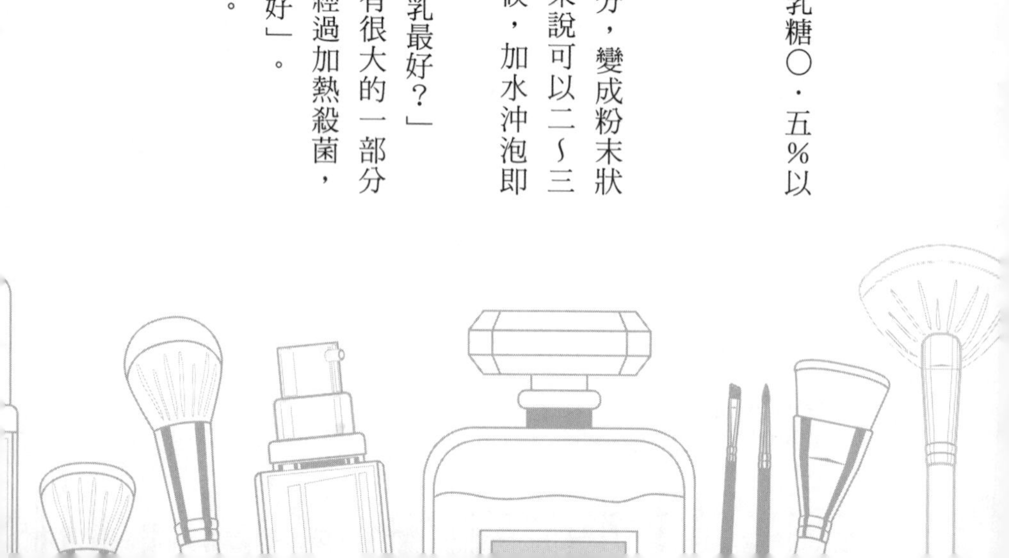

第 5 篇

愛美是人的天性

XXXX報導

自從人類開始化妝以來，也同時開始了卸妝的歷史。卸妝的產品百百種，但基本上我們可以從屬性上分類，從比較水的到比較油的，依序可以分為：卸妝水、卸妝凝膠、卸妝慕斯、卸妝乳、卸妝霜、卸妝油……，這些琳瑯滿目的各種產品，你到底要怎麼挑選？

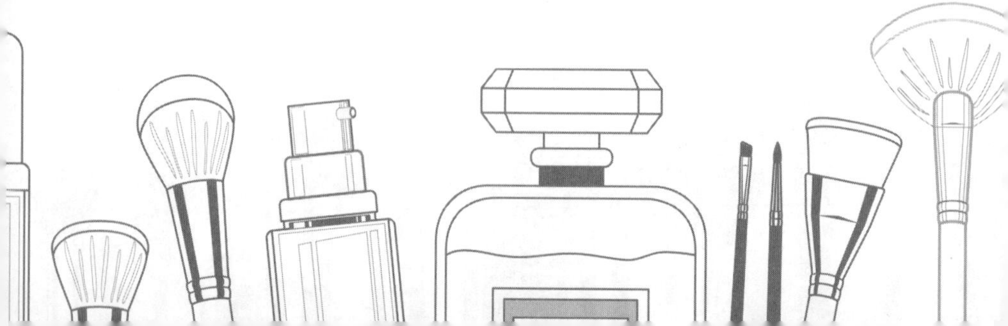

01 卸妝原理大揭密

炎熱的夏天，對於有化妝習慣的人來說，如何選用卸妝產品一直都是很重要的課題。天氣熱、出油多，一到家就想速速卸妝，讓臉清爽一點。

「謝博士，夏天天氣熱，很容易就覺得皮膚油油的，是否該避免卸妝油類的產品，選用卸妝水呢？」

「我平常不太化妝，只會擦防曬，這樣需要用卸妝油卸妝嗎？」

在我們回答這些問題之前，先從化妝與卸妝用品的原理開始講起吧。

為什麼化妝品裡面有油？

雖然化妝品都會主打「控油」的效果，不過其實大多數服貼在皮

膚上的化妝品都是含有油分的，這是一個必要的做法——因為皮膚表層，其實就是一層油。

「什麼！」

別緊張，這是很正常的生理現象。皮膚分泌油脂是為了鎖住皮膚中的水分，避免肌膚乾燥，我們才不會因為體內水分不斷的蒸散而變成人乾。而這層皮膚分泌的油脂，也是讓化妝品可以停留在臉上的原因。

大家都知道油、水是不相溶的。在化學的領域中，我們稱水是極性物質，油是非極性物質。

「聽起來有點複雜……」

沒關係，事實上也真的很複雜，但眼前不用求完全理解，只需要知道同性物質會相溶，也就是水性物質會與水性物質相溶，油會與油相溶就夠了。根據油油相溶的原理，要讓彩妝可以停留在肌膚上一整天，在服貼於肌膚上的化妝品中添加油類成分就是一件必要的事情。化妝品中油的成分可以與皮脂腺分泌的油結合，讓妝容有機會停留久一些。再者，彩妝中的不少色料，也必須在油中才能分散，水是辦不到的。

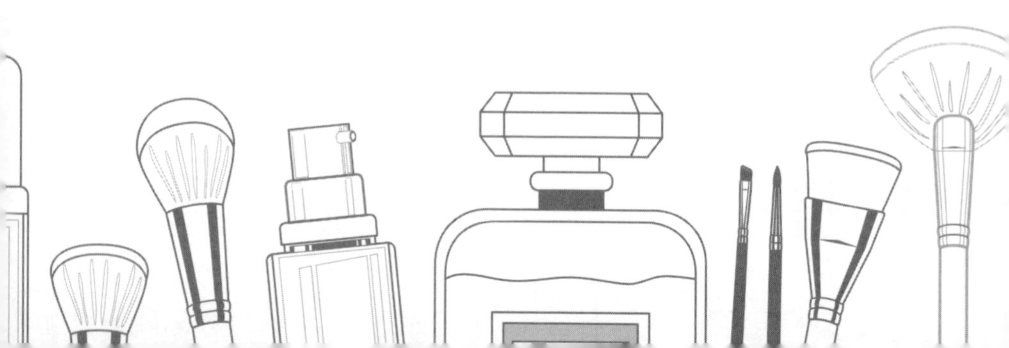

那卸妝產品如何達到卸妝效果？

經過剛剛的說明，我們可以簡單的把卸妝理解成：「把皮膚上的油給洗掉。」要把油洗掉，大概有三個辦法：

第一，用油去溶它，之後再把卸妝的油洗掉；

第二，用其他可以溶油，但比較不黏膩的溶劑，例如多元醇；

第三，利用界面活性劑。界面活性劑一端親水、一端親油的特性，讓它可以用親油端去吸附油污，而親水端則可跟著水把油污帶走。

看完上面這段，應該可以理解為何市面上琳瑯滿目的卸妝產品，歸結起來可以大致分成卸妝油、卸妝乳、卸妝凝露、卸妝水這幾大類了吧？它們各自利用不同的原理，當然卸妝效果也有差異。

一般市售商品，大概都會結合兩種以上的方式。比方說：預配界面活性劑的卸妝油，或是含有多元醇的界面活性劑水溶液等等。各位

有沒有發現，不管怎麼結合，大部分都會利用界面活性劑！這是因為界面活性劑可以最有效的達到卸妝效果。所以不管是卸妝水、卸妝凝膠、卸妝慕斯、卸妝乳、卸妝油……多多少少都會加入界面活性劑。

「蛤！可是界面活性劑不是很傷肌膚嗎？」

我想再次強調，如果確實洗淨，不殘留，界面活性劑並不會傷害肌膚。我們使用清潔用品，就是希望能夠去污，達到清潔效果，而界面活性劑就是發揮清潔功效的成分！針對不同用途，選擇適合去污力的界面活性劑，才是關鍵。舉個例子，許多人奉為「神品」的水晶肥皂，pH值是在九~十之間，偏鹼性，去污力很強。如果直接拿來洗臉，對油性肌來說或許是好用的，可是對乾性肌來說就完全不是這麼一回事了，因為洗完後很可能會感到乾癢。

「謝博，水晶肥皂是肥皂耶，不是界面活性劑吧？」

這真是天大的謠言！肥皂當然是界面活性劑，詳情可以參考我的上一本長化短說中的：〈天然手工皂＝純天然？誤會大了〉。其實，根本不需要拘泥於皂、非皂，或是手工非手工，只要選擇適合自己的

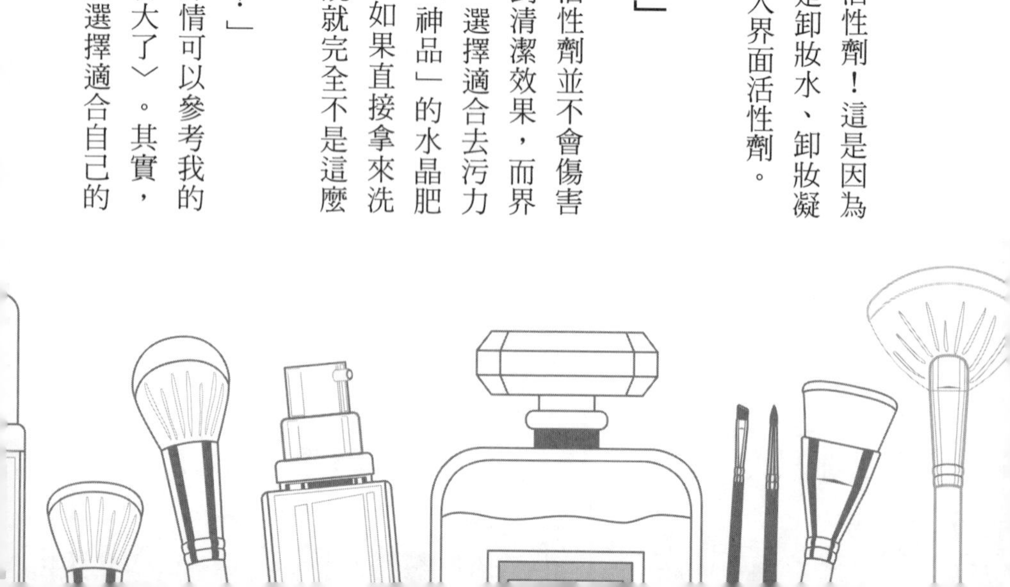

清潔商品，其實不需要太過擔心會傷害肌膚。

「可是，夏天用卸妝油，油油膩膩的真的很不舒服耶！」

一般來說，如果不是畫非常濃非常濃非常濃的厚重彩妝，真的不需要使用全油的卸妝產品。市面上可以選擇的劑型很多，挑選適合自己的就可以了。另外，如果有使用防曬產品、ＢＢ霜，記得要卸妝。如果沒化妝、沒擦防曬，那使用洗面乳即可。最後，不論使用多溫和的卸妝產品，卸妝完之後，建議都要再以洗面乳和清水洗臉，才是正確的作法。

XXXX報導

最近最熱門的產品，就屬膠束水了！號稱化妝界的黑科技，膠束水的誕生，徹底解決女人卸妝麻煩。只要一瓶，可以免洗卸妝、高效清潔，甚至還有保濕、美白功效，超強性能拯救了一批懶得花時間卸妝的妹子，各大網路平台購物節也紛紛創下銷售佳績……

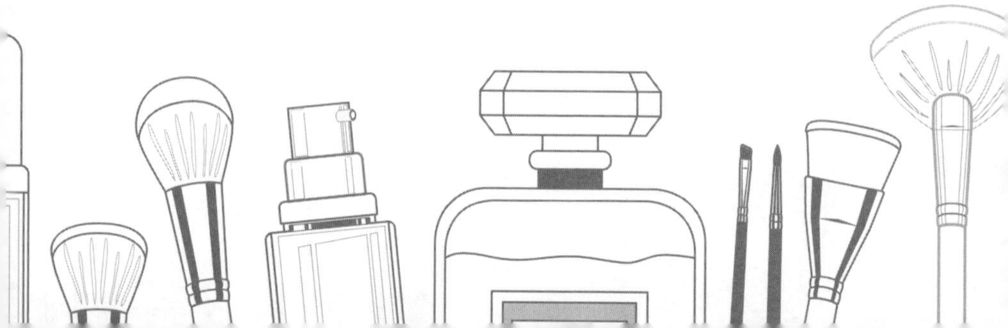

02 卸妝用的膠束水，卸完不用再清洗？真的那麼神奇

上一次分享了卸妝產品的原理之後，立刻有網友來信詢問「膠束水」是什麼。

「博士，我在量販大賣場看到知名品牌推出了新的『膠束水』卸妝產品，看起來很神奇！這是什麼樣的黑科技，用它來卸妝會比較乾淨嗎？」

「這個產品寫說使用之後不用再用清水洗臉，這樣沒關係嗎？」

「溫和不刺激、又能卸得乾乾淨淨……怎麼這麼神奇？」

「膠束水」算是一個新的行銷名詞，雖然聽起來名字很新很酷炫，可是它其實不是什麼黑科技。說起它的原理，真的再平凡也不過了——就是溶有「界面活性劑」的水啊！

濃度「剛剛好」的界面活性劑

「界面活性劑？」

是的，就是不少人「聞之色變」的界面活性劑。如果你對界面活性劑還不太認識，或是看到界面活性劑就直覺認為它是不良商人想殘害你肌膚的黑心武器，那請先復習上一篇關於卸妝的文章，重新了解界面活性劑之後，平復一下心情再回來。

界面活性劑的濃度不同時，清潔效果也不同。濃度太低時，會覺得洗不乾淨；濃度太高，又需要用大量的水把摸起來「滑滑的」界面活性劑沖掉。那到底最適合的濃度是什麼呢？

隨著濃度的增加，界面活性劑的分子在水中也會有不同的分布狀態：低濃度的界面活性劑在水中呈現單體（Monomer）游離態，親油端會被水排斥，親水端則會被水吸引，所以這些分子會分布在水溶液的表層，呈現親水端朝下、親油端朝上。

而當界面活性劑的濃度持續增加，界面活性劑分子中的親油端（長鏈狀）之間的吸引力會增加，開始集結成團，親水端也會被水分子吸引，形成水分子向外的聚集體。當分子們自己聚成一團，親水端

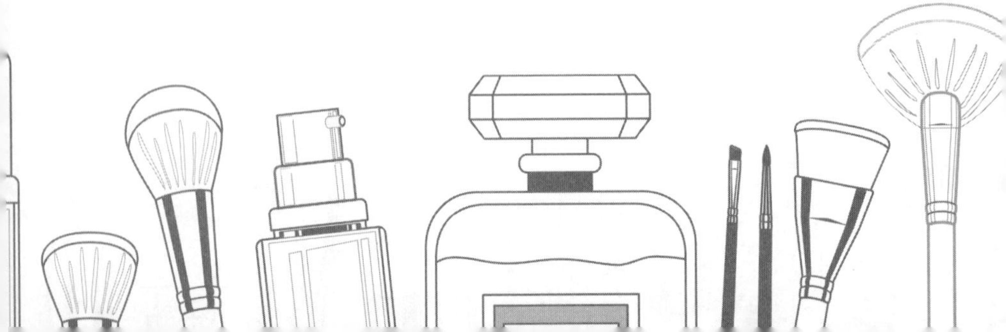

朝外，親油端朝內，這就叫微胞（micelle），也有人稱為膠束。

當膠束開始形成時，這個濃度就叫作臨界微胞濃度（CMC, Critical Micelle Concentration），當界面活性劑達到這個濃度以上，清潔力才會足夠。但如果超過這個濃度太多，就會需要更多的清水來把界面活性劑沖洗掉。膠束水就是濃度「剛剛好」達到CMC的界面活性劑水溶液。它的清潔力足夠，但是又不會濃到要沖很久才會沖乾淨。

低濃度界面活性劑

分子呈現單體(Monomer)游離態，界面活性劑分子會分佈於溶液表面，無法形成微胞狀態。

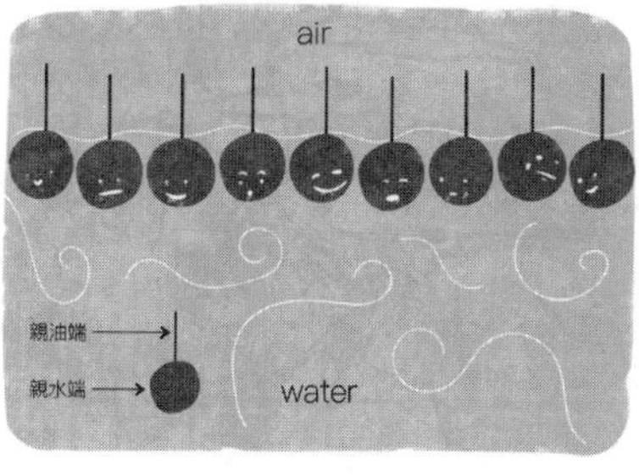

膠束水（濃度「剛剛好」的界面活性劑）

濃度剛剛好的界面活性劑，親油端朝內，親水端朝外，形成Micelle「微胞」。剛剛好的濃度讓膠束水有足夠的清潔力，又不會滑滑的很難沖洗。

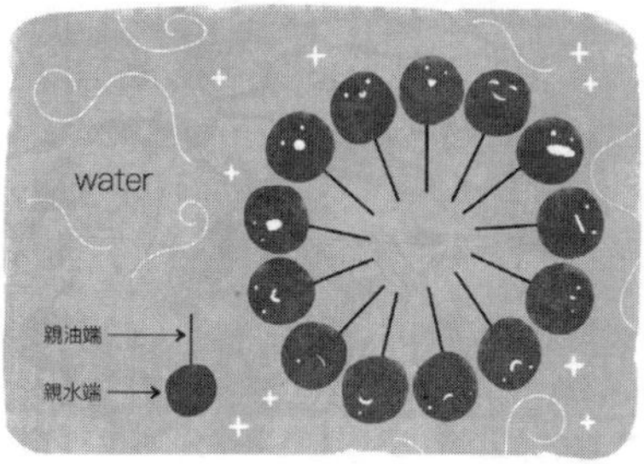

©化工博士謝玠揚

膠束水不是黑科技

所以所謂的「膠束水」，其實就是界面活性劑濃度「剛剛好」的水，不是什麼太神奇的科技，也不是某個特定廠商才會做出來的商品，只要掌握到臨界微胞濃度，就可以製作出膠束水。

使用後，記得再用清水洗臉

膠束水的確可以確實清潔肌膚，也不會在肌膚上造成難沖洗乾淨的滑膩感。但要提醒大家的是，雖然有產品宣稱自己的商品使用完之後不用再洗臉，可是我建議各位，使用完「膠束水」後，還是用清水再洗一次臉，避免因為界面活性劑殘留，對肌膚造成的刺激。

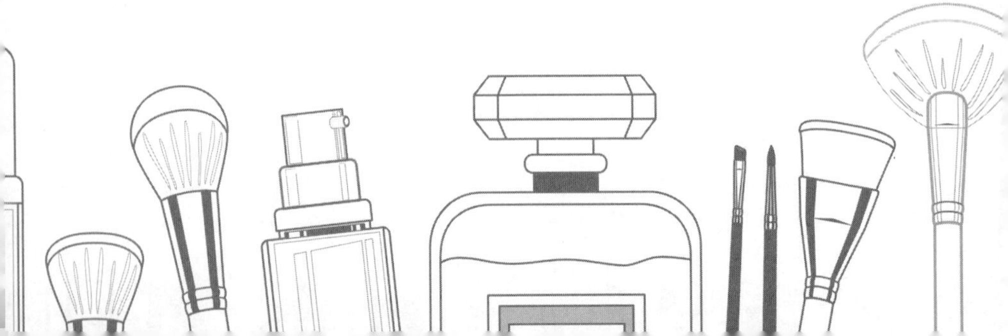

XXXX報導

許多女性為了有好氣色，每天一定得塗上口紅才能出門，不過毒物專家提醒，由於嘴唇的角質層很薄，如果卸妝不完全、容易殘留，吸收口紅裡頭的物質；偏偏多數口紅又都是以化工材料製作，甚至為了增加顏色鮮豔度、延長持久度，還會加入塑化劑。因此專家提醒，減少塗抹次數，選擇顏色較淡的口紅，才是自保之道……

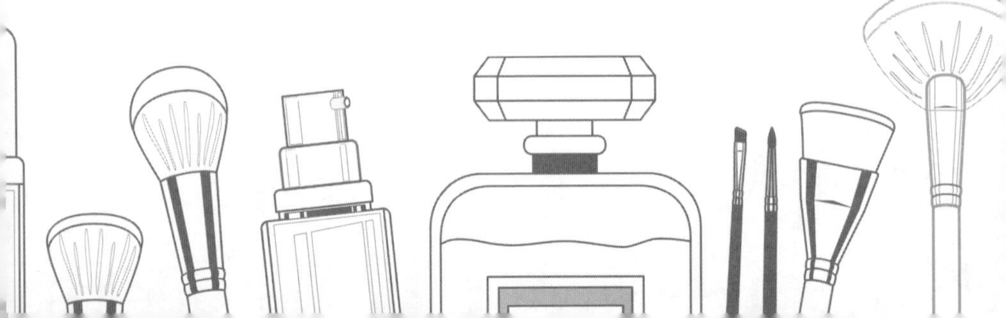

03 擦在嘴上的唇膏，到底安不安全

「每日塗口紅／護唇膏到底有多毒？」

「女人一生中會吃掉三百支口紅，你吃下了多少毒？」

想必大家都有看過類似的新聞標題吧！愛美是女性的天性，鮮紅豐潤的誘人雙唇更是重點中的重點。口紅，也叫做唇膏。以銷售數量來說，口紅在眾多保養化妝品中一向是名列前茅，憑藉著龐大的市場需求，甚至有「口紅經濟」的理論。

以種類來說，也是琳瑯滿目。最傳統的口紅，講究水潤感的唇蜜，到冬天怕乾燥擦的護唇膏，還有唇釉、唇彩、唇膜、可變色護唇膏……再搭配各式各樣的鮮豔色彩，在在顯示出口紅在彩妝保養不可動搖的女王地位。

口紅種類百百種，除了各式色彩、質感、滋潤度之外，長效不脫妝、自動變色也是重要賣點。到底這些鮮豔的色彩是如何呈現的呢？不脫妝、變色又是怎麼辦到的呢？讓我們來了解一下它們的祕密吧！

口紅到底是什麼做的？

深入剖析口紅之前，我們先來了解一下它的兩大主要成分。

首先是油脂。油脂是為了防止水分散失，同時增加塗抹時的滑順度，常用的有蓖麻油、羊毛脂、凡士林等，講究一點的，就使用植物油，像是葡萄籽油、荷荷芭油、夏威夷果油。更講究的，就是使用天然有機的植物油嘍。

再來就是蠟。蠟的主要作用就是讓口紅可以「成型」。有沒有看過古裝劇中女主角含一片紅色的紙染唇呢？如果沒有蠟，口紅沒有辦法定型，用起來就沒那麼方便了。常用的有蜜蠟、棕櫚蠟、蜂蠟，還有堪地里拉蠟（小燭樹蠟）。

講到這邊，順便讓我這個理工宅男，從「配方」的觀點，來說明一下唇膏、唇釉、唇彩、唇蜜的差別。先排順序：唇膏、唇釉、唇

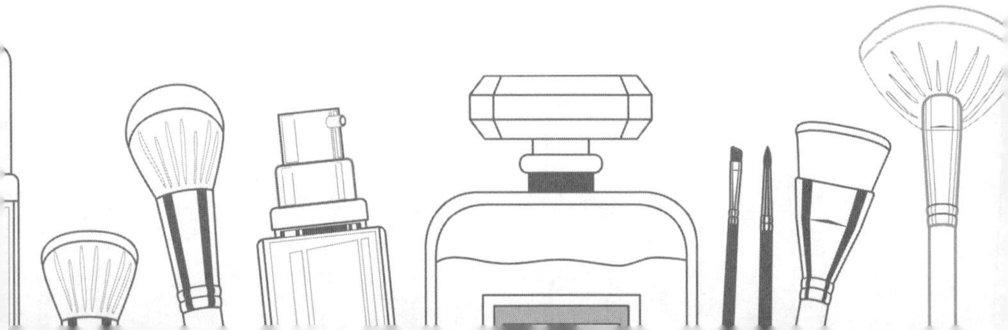

彩、唇蜜。越前面的，蠟含量越高、顏色也更鮮豔，也比較持久；但會比較乾、也比較稠；越後面的，蠟的比例低、油脂含量高，所以水潤感會越好，但顏色飽和度、遮瑕力就沒有那麼優了，持久度也比較差，該選擇哪一種，相信大家一定比我懂，就看自己的需求選擇嘍。

色素香精才是關鍵

基本上，油脂跟蠟是沒有什麼大問題的，頂多就是怕油脂氧化，加入抗氧化劑（EX：維他命E）。不小心吃下肚子也沒有大礙，真正有問題的，就是那些繽紛鮮豔的「色彩」。

口紅裡的顏色，跟其他彩妝的顏色，來源其實差不多：主要都是金屬氧化物。你常聽到的「口紅吃下肚，重金屬也吃下肚」，其實就是「色彩」。只要有使用，免不了還是會吃到肚子裡的。

「那有沒有不含重金屬的染料呢？」

當然有，但我也很明白的告訴大家：顏色沒有那麼多樣，也沒那麼鮮豔。

除了顏色，有些口紅中也會加入人工香精讓氣味更吸引人，也會加入蘆薈、玻尿酸等保濕成分。小小一支的口紅，在配方上可是不簡單的呢。

「不脫妝的唇彩，是怎麼做到的？」

那市面上宣稱不脫妝的唇彩是怎麼做到的咧？簡單講，就是在唇彩中加「膠水」：像是PVA（聚乙烯醇），乾燥後會形成薄膜，將唇彩緊黏在雙唇上，讓你的唇彩持久不掉妝，更不會沾杯囉！

「那是不是也卸不掉？更容易吃下肚？」

基本上PVA的毒性跟刺激性都很低，所以就算真的吃下肚，也不會對身體造成太大的影響！再者，其實膠水也是會溶於水的，只是比較慢而已。所以如果你有舔嘴唇的習慣的話，它還是會被舔掉的喔，所以大家可以不用擔心卸不掉的問題。

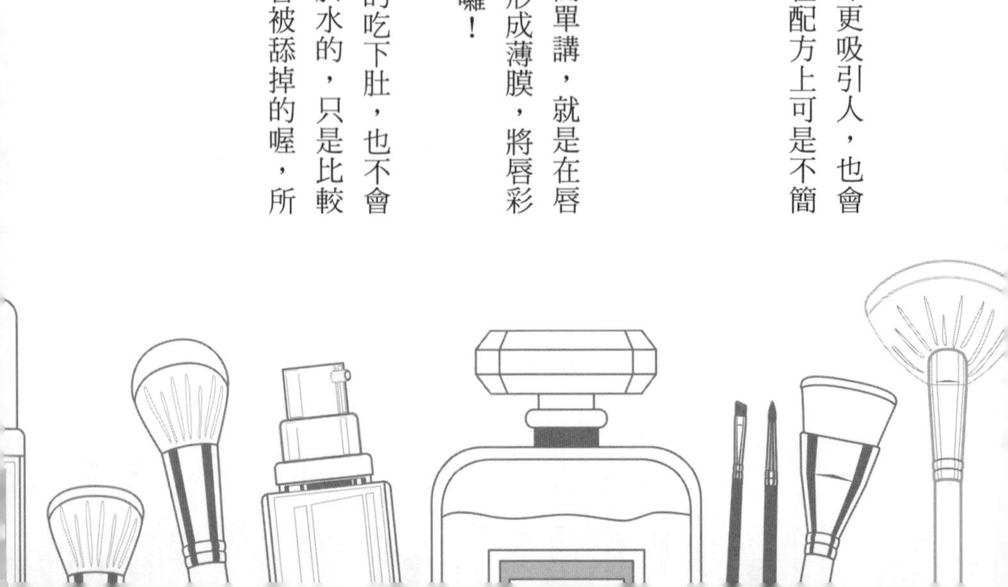

「口紅、護唇膏成分不同嗎？變色護唇膏可以自動換色？」

其實，護唇膏跟口紅的基底基本上沒有太大的差異，你可以想像護唇膏＝「無色」的口紅，就只差在有沒有添加色料而已。

近幾年的人氣話題商品「換色護唇膏」，標榜著添加西印度櫻桃萃取打造高科技pH值換色技術，可以展現千人千色的專屬唇色，嗯……不能說它錯，但行銷噱頭成分是多了點！

基本上，西印度櫻桃中的花青素，的確是會隨著酸鹼度而變化，從酸性環境的紅色、中性的紫色、再到鹼性環境下的藍色。但要讓花青素變成紅色，pH值要小於三；除非你的嘴唇酸鹼值接近你的胃酸，才有可能！所以實際上，都是使用人工合成色素，而不是「天然、無害」的花青素。

再者，大家可以思考一下：嘴唇上的酸鹼值，基本上是因為口水殘留造成的。可是口水的酸鹼值再怎麼不一樣，也就是落在pH六～七左右而已。所以所謂的「千人千色」說穿了，是因為大家嘴唇的顏色本來就不一樣啊。你想想，唇色偏深跟唇色偏粉嫩的人，擦同樣一支

乾燥玫瑰粉口紅，在唇上的顯色度會有可能一樣嗎？所以，自己思考選擇嘍。

「其實，你可能吃下了這些毒！」

不論是唇膏、唇釉、唇彩、唇蜜還是變色護唇膏，最常被檢驗的就是重金屬的含量（鉛、鎘、砷、汞），但也不用太過恐慌：不可能有人會短時間內「大量食用」吧，例如天天吃掉一條口紅或是護唇膏？所以，如果你是正常使用，買的也不是來路不明的產品，基本上可以不用擔心的！

順帶一提，常讀我文章的朋友應該會發現，我常會說：孕婦、哺乳中的媽媽與其擔心食品、保養品、沐浴用品中的化學物質殘留，還不如不要化妝、不要用指甲油：因為彩妝絕對是化學物質攝入來源的第一名，沒有之一。如果口紅也擦了、指甲油也塗了，說真的，那就別在乎其他事了，因為根本是「抓小放大」。

「所以謝博士你的意思是不能化妝？」

我可沒有那麼說，只是客觀的跟大家說明，每種生活用品中，你

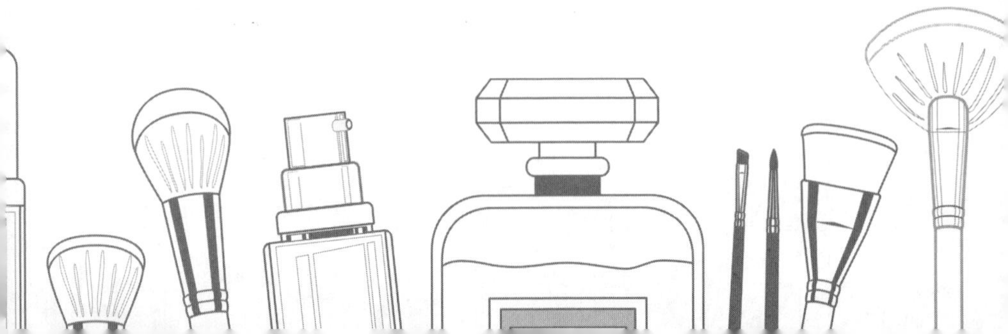

可能接觸到「化學物質」的機會與量而已。只要正常使用、不要買來路不明的商品，基本上都不會有太大的問題。但如果你是對「化學物質」吸收很在意、很敏感、零容忍的人，對任何「人工化學物質」都深惡痛絕，那能避免就盡量避免嘍。

「謝博，不要每次都說思考思考，可以直接說到底應該怎麼做嗎！」

好啦好啦！不要選擇太鮮豔的顏色，在大型合法通路購買合格廠商檢驗過的商品，養成進食前抹掉口紅或護唇膏的習慣，一回到家就確實洗卸避免殘留，都是可以幫助各位享受唇妝的好方式，讓美麗與健康兼顧！

XXXX報導

除了用化妝水、乳液做好基礎的臉部保養外，許多女孩也會用原液、安瓶、精華液，來加強自己的膚況，到底這三個保養品到底差在哪？效果誰最好？

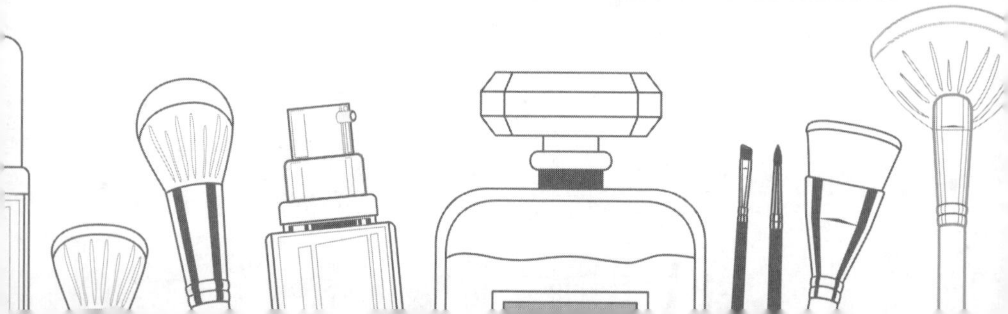

04 原液、精華液、安瓶差別在哪裡？

有在使用保養護膚產品的人，一定都對「原液、精華液、安瓶」這三個名詞很熟悉。可是，這些產品用久了，你會不會心裡也有這些疑惑呢？

「原液、精華液、安瓶，到底誰最有效？又是哪個最濃呢？」

「安瓶真的這麼有效嗎？結婚當天一定非用安瓶不可？」

關於這一題，其實網路上已有多篇文章，作者均引經據典、摘章折句，用了好多好多的形容詞、好長好長的文字，說明這三者有什麼不同。但老實說，連我這個創立保養品十五年的創業老闆看完這些文章，也都是一頭霧水：說了半天，到底哪裡不一樣啊？所以有在保養的朋友們會有這個疑問，真的是完全不意外啊。

到底哪一個最有效呢？

這一題的答案其實很簡單，在實務上，原液、精華液、安瓶這三個名詞，跟產品的功效、有效成分濃度高低，其實根本沒有直接的關係！

讓我們先從精華液開始，精華液的英文是serum。如果你直接翻開字典，字典會告訴你 serum是血清：醫學名詞，指血液中既不含血球細胞（紅血球和白血球），也不含凝血因子的部分；換個說法，就是除去纖維蛋白原的血漿。而保養品界借用這個名詞，只是代表「黏稠度介於化妝水跟乳液之間的液狀產品」。

除了代表質地之外，一般來說，精華液也代表會含有「多種」有效成分（至少不只一種）。所以，發現了嗎？這跟濃度高低、成分類別都沒有關係，只要加了一種以上的有效成分，就可以叫做精華液。

原液，英文是 essence。英文字典會告訴你，essence 表示的是事物的本質，或是最重要的部分。保養品界一開始使用這個字，指的是來自植物的萃取。後來則衍生為含單一有效成分，黏稠度介於化妝水跟乳液之間的液狀產品。

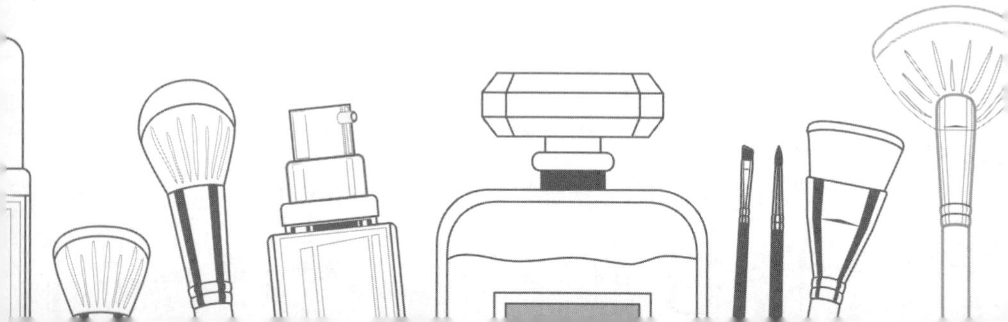

所以說，精華液跟原液的質地都是介於化妝水跟乳液之間，如果硬要去區分serum跟essence哪裡不一樣，應該就是有效成分的數量吧。精華液會有一種以上，原液則是單一有效成分為主。

結婚當天用安瓶是種迷思嗎？

「那安瓶呢？為什麼安瓶會是新娘的祕密武器？」

安瓶，英文是 ampoule，指的是裝藥品的小型玻璃容器。小時候打針一定都有看過，因為它就是護理師手上那個要先折斷一端抽出藥水的小玻璃瓶。安瓶這個名字，其實是誤打誤撞來的名稱，ampoule 中文本來是安瓿（ㄆㄡˇ），寫著寫著，後來就變成安瓶了。

所以，安瓶其實只是一種容器的形式，裡面裝什麼、夠不夠濃、有沒有效，其實沒有人能說得準。所以說，結婚當天，真的一定要用安瓶嗎？真的會那麼有效嗎？我的答案是：這真的不好說啊。

講完了這三種產品名稱的來由以及定義，話說回來，想知道哪些商品能夠真正達到保養目的，對你的肌膚產生幫助，其實還是要回歸以下兩個方法：學會看全成分表；觀察自己實際使用後的情況。唯有

看懂全成分表，才能真正辨認產品中是否真的含有有效成分，甚至可以辨別價格是否合理，而唯有自己親身用過，才能真的知道產品對自己的肌膚是否有效。

這個道理其實滿常出現在我的文章裡面的，比方說，不要看到「天然、有機、植物來源」就覺得絕對無害、別以為「自然可分解」就百分百環保。

簡單一句話：知識就是力量，別被一些名詞迷惑了喔！

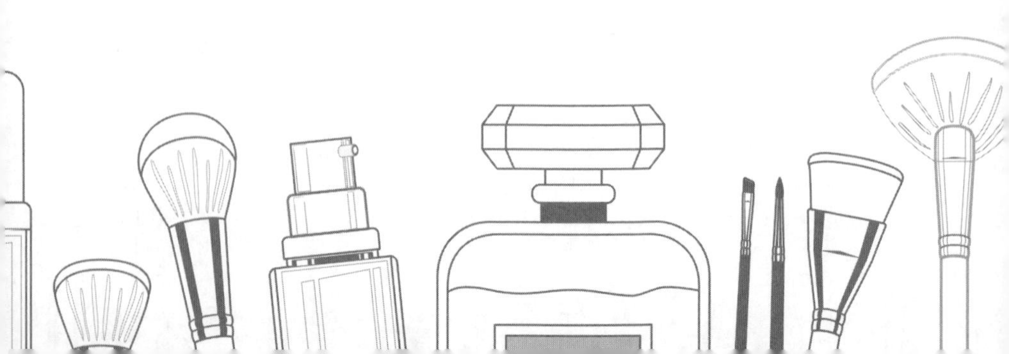

XXX報導

連日高溫，讓民眾苦不堪言。坊間開始流行各式涼感噴霧、涼感貼布，網路上更有不少日本代購團推薦日本最新涼感美妝，讓不少消費者趨之若鶩。到底這些涼感產品實際效果如何？除了涼感之外，是否會有其他副作用呢？

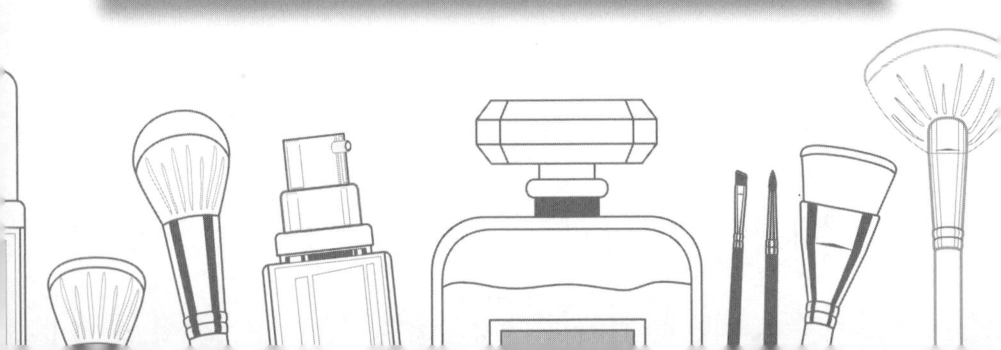

05 涼感美妝的涼感祕密

上一本長話短說中寫到有關涼感衣原理的文章，許多網友舉一反三，告訴我還有其他「涼感」美妝商品：「博士，今年出現不少『涼感』商品，夯到都有專業的日本代購了呢！這些商品對皮膚好嗎，會有傷害嗎？」

以涼感為訴求的美妝保養品還真不少，有涼感噴霧、涼感化妝水，甚至還有涼感唇蜜、涼感粉底。先來看看這些產品的全成分表，它們加了什麼物質，會讓人擦了覺得涼呢？

一、「涼感」祕密，是「水」

讓皮膚感覺涼爽的原理其實非常簡單，只要產品比體溫低，用起來自然涼。這個不難，把產品先放進冰箱就可以了。但出門在外時怎

麼辦？總不能背著冰箱滿街跑吧？這時候就得靠比較容易揮發的物質，揮發時帶走熱量，讓肌膚感覺涼爽。具有這個功效，最常見的涼感成分就是「水」。沒錯，就是水。水在肌膚表面揮發（蒸發）的時候會同時帶走熱量，就會感覺涼爽了。

二、增加揮發性

水的揮發性不算高。如果想要更涼，就得選更容易揮發的成分。最常用的就是酒精。酒精揮發性非常好，可以比水更快帶走熱量，帶給肌膚涼感，所以很常被添加在液狀或是噴霧類型的涼感商品中。

三、用「噴霧」加強揮發性

還是不夠涼，怎麼辦？這時候就得幫助液體揮發。當液體的液滴越小、總表面積越大，會更容易揮發，自然也會感覺越涼。噴霧類型的商品，就是利用讓液體以水霧方式噴出，讓水和酒精更容易揮發，所以在同樣溫度、同樣成分之下，用噴霧類型的商品帶來的「涼感」

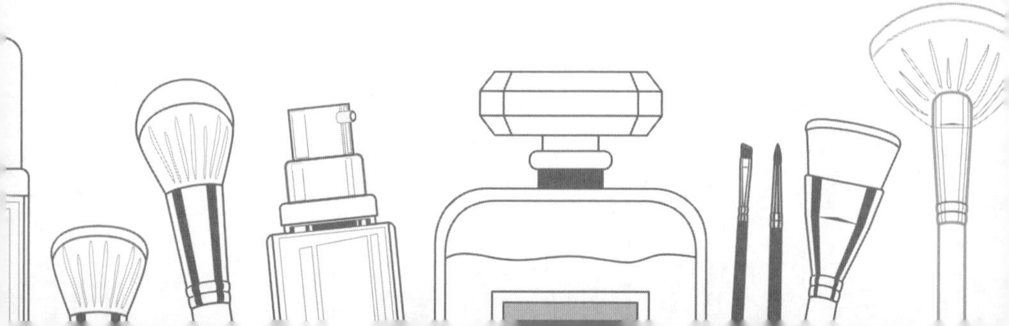

會比外敷型商品要快且明顯。

「那涼感蜜粉呢？這裡面應該不可能有水或是酒精吧！」

涼感蜜粉的原理其實跟涼感衣的原理類似，也就是運用礦石粉末導熱速度快的特性，讓礦石粉末快速帶走皮膚上的熱，讓人感覺涼。

四、薄荷醇

除了剛剛提到水、酒精、噴霧劑型等等之外，薄荷醇（Menthol）也是很常見的「涼感」成分。薄荷醇是薄荷油的主成分，是一種高揮發性的植物性精油。標榜涼感的唇蜜、乳液、洗髮精、洗面乳、牙膏等商品，大部分都是添加薄荷醇。

「這些清涼劑，對皮膚有沒有其他的副作用呢？」

這得分開來說。水當然沒有問題，噴霧劑型也不會造成傷害。酒精當然有一定的刺激性，如果肌膚對酒精比較敏感的人，就建議不要使用了。至於薄荷醇，對成人來說沒什麼大問題，不要接觸到黏膜就好。但對嬰幼兒來說，比較容易引起不良反應，所以小朋友、孕婦，或是哺乳中的媽媽，就建議避免使用了。

XXXX報導

真的太熱了！夏日氣溫動不動就飆到三十六、三十七度，天氣又濕又悶，大家都迫不及待逃進冷氣房！但躲進冷氣房裡，瞬間溫度降低，冷氣又是超強吸水怪，一下子臉部水分就蒸發了。整天在冷熱交替、乾濕變換的環境中進進出出，肌膚保養可不能只求「清爽無油」，小心缺水乾燥成為肌膚老化的隱形殺手！

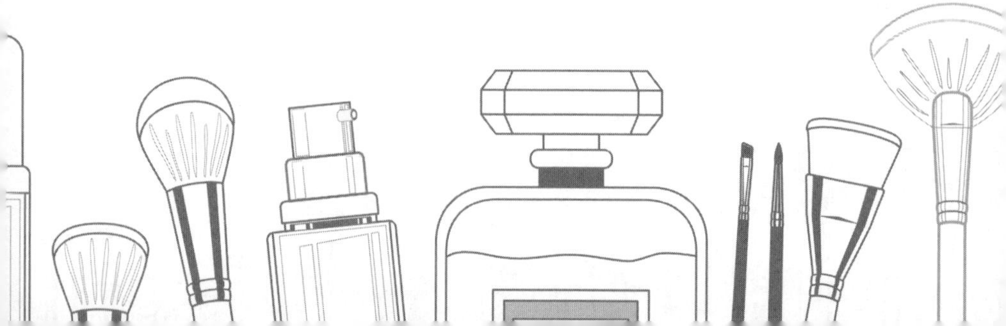

06 空調吹太久，小心皮膚被吸乾！夏天冷氣房保濕三祕笈

最近天氣越來越熱，辦公室的冷氣也到了開始運轉的時間。

「老大！保濕噴霧對待在冷氣房裡的上班族，到底有沒有保濕功效啊？有人說會越噴越乾耶～」

哈！你們終於想起來，我的本行是醫美保養品了吧！這真是個好問題，本週讓我暫且拋開有沒有毒、會不會超標，來談談保濕吧！

首先，來談談什麼樣的環境需要特別注意保濕？

對於一天上班八小時都待在冷氣房裡的人來說，保濕的重要性絕對超乎你的想像。因為冷氣房裡濕度低，肌膚水分容易流失；而晚上開冷氣睡覺，其實也是同樣的道理。

多喝水有助於肌膚保濕嗎？

人體約有七〇%由水分組成，喝水的確可以幫助身體補充水分。不過，喝水所補充的水分，只會達到真皮層，維持真皮層的保水度，卻沒有辦法到達表皮層。在冷氣房中，乾燥的空氣主要會使皮膚表皮層的水分流失。因此，多喝水對冷氣房裡的肌膚保濕幫助不大。但是充足的水分攝取，可以促進新陳代謝，也會幫助膚質改善，所以多喝水還是很重要的。

保濕噴霧有幫助嗎？

當一〇〇%純水分的保濕噴霧噴上臉部肌膚時（包括礦泉水、溫泉水——它們其實就是水而已），角質層的確會立即吸收水分，提高含水量。不過別忘了，你還是在冷氣房裡啊！除非你可以每十五分鐘就噴一下，不然表皮含水量還是很快就會流失，無法達到有效的保濕效果。

「那怎麼辦？」

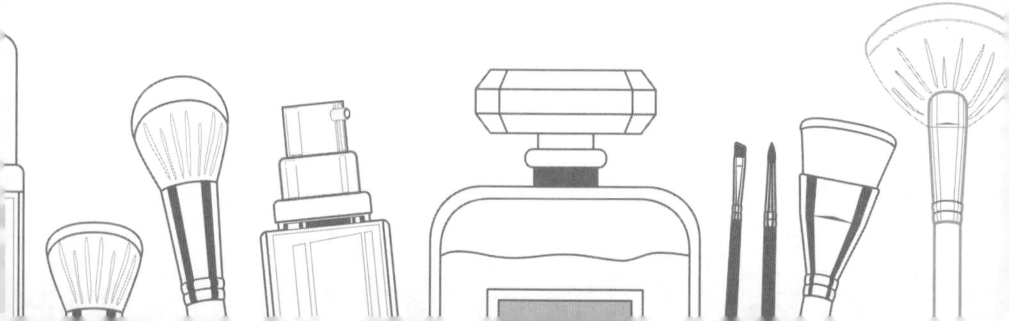

解決方法是：延長水分留在表皮層的時間，較理想的做法是選擇有添加保濕成分（如玻尿酸）的保濕噴霧，或是搭配有鎖水效果的乳液，就可以讓表皮層的水分含量維持較久。切記，保濕成分搭配鎖水商品才是對抗冷氣房正確的保濕方式。

只敷面膜可以嗎？

這問題其實跟上一題有點類似。面膜的確可以在短短的十五分鐘幫肌膚立即提升含水量，但同樣的，如果不擦乳液鎖水，只敷面膜就想要完美保濕，還是一場空啊！

面膜主要的好處是可以讓角質層含水量立即提升，角質層吸飽水，肌膚看起來有光澤，因缺水造成的乾紋細紋也會暫時消失。這就是每次敷完面膜，都覺得自己變年輕好幾歲的原理。所以，敷面膜也是參加婚禮、同學會前的必備良藥，但是請記得，敷完面膜後一定要順手上個乳液，角質層含水量才能持久。

如果是晚上睡前保養，凝膠狀的晚安凍膜也可以達到鎖水的效果，想要在冷氣房內舒服睡上一覺又不讓肌膚乾燥，這也是個好選

擇。

總而言之，保濕的原則非常簡單：就是補水、保水、鎖水三個步驟。首先是要提供水分給肌膚，再來是有時間讓肌膚把水分好好吸收，最後就是補充油分把水分留住。不論是春夏秋冬，還是室內室外，只要遵循保濕三步驟的原則，就可以幫肌膚做好保濕了。

保濕三步驟與對應的保養商品

- 補水：化妝水、噴霧、面膜
- 保水：含保濕成分的精華、原液
- 鎖水：乳液、乳霜、晚安凍膜

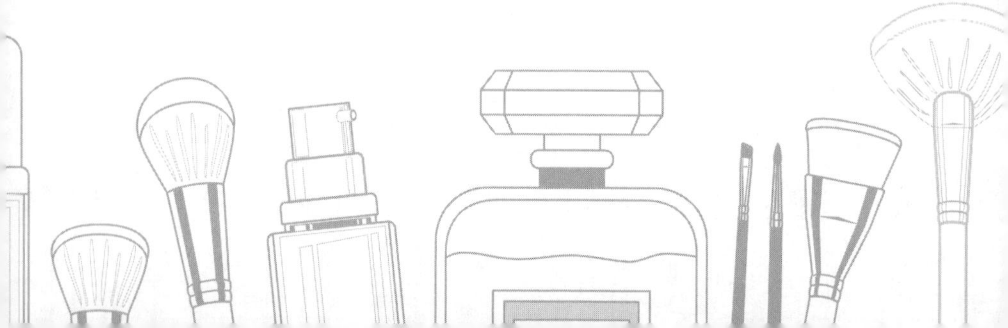

第 6 篇

人一定要有常識唷

XXXX報導

衛生福利部疾病管制署又發布新增腸病毒重症個案，今年累積個案數已為近三年同期新高。專家提醒，很多家長在家或是帶幼兒外出，習慣使用乾洗手、酒精濕巾清潔，以為可殺死病毒，但酒精其實對腸病毒並無效果……

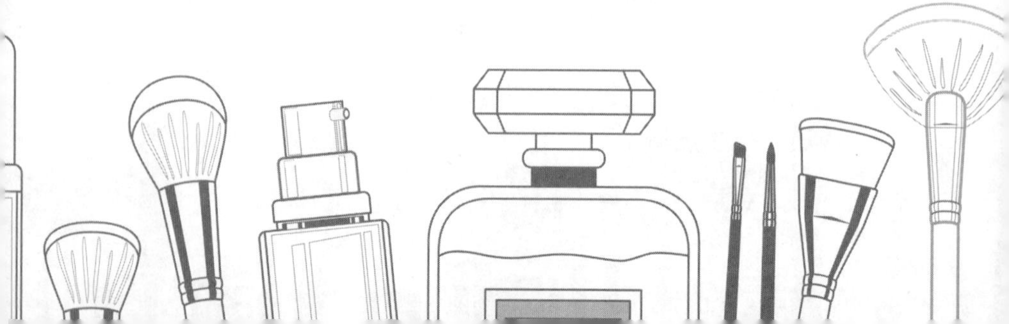

01 細菌、病毒傻傻分不清楚？

如果你有小孩，在腸病毒疫期，一定聽過這樣的說法：「酒精可以殺死九九％的病菌，但是，酒精殺不死腸病毒！」

細菌、病毒，都會讓人生病，但大部分的人，往往搞不清楚這兩個東西的差別，明明都是感冒生病，為什麼會有「細菌性感冒」和「病毒性感冒」呢？

正巧，前一陣子討論度沸沸揚揚的滷肉飯公敵「非洲豬瘟」，也正是一種病毒。那到了疫區，到底可不可以吃豬肉呢？人會不會感染非洲豬瘟呢？

如果想要知道怎麼樣才不會生病、該如何治療，這要去請教專科醫生。我可以跟大家說明的是：細菌、病毒的構造有什麼不一樣？為什麼大部分細菌用酒精就可以殺死，而殺死病毒則需要用九十度C的熱水才行。

細菌是什麼？為什麼濃度七五%的酒精殺菌效果好過九五%

細菌是一種微生物，可以單獨生存、繁殖，這也是細菌與病毒最大的不同。細菌對人類來說，並不完全有害。有些細菌是對人類有益的，乳酪、豆腐乳、醬油、醋、酒、優格等食物，都是靠細菌才能製作出來的。

不過，也有一些細菌是病原體，會導致人生病。細菌主要由細胞壁、細胞膜、細胞質、細胞核等部分構成，因此如果要殺死細菌，達到「殺菌」的效果，就要能穿過細菌的細胞壁，滲透到內部讓蛋白質變性。加熱跟酒精，都可以使蛋白質變性，導致細菌死亡，所以都是殺死細菌的有效方式。

值得注意的是，並不是酒精濃度越高，殺菌效果就越好。因為高濃度的酒精會讓細菌表面的蛋白質迅速凝固，可是這個速度實在太快了，導致酒精無法繼續往內滲透，對某些細菌來說，它的內部仍然是「活的」，殺了等於沒殺。殺菌效果最好的酒精濃度是介於七〇～七八%之間，一般來說，七五%濃度的酒精即可殺死九九%的細菌。

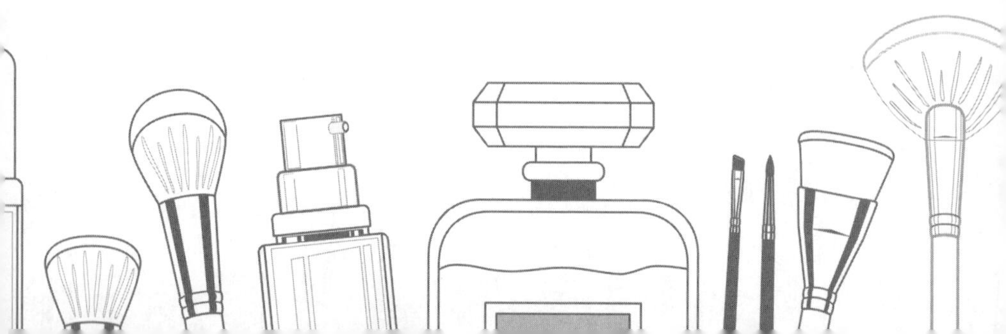

對於殺死細菌而言，酒精是便宜方便又有效的方式。

病毒：靠「寄生」感染其他生物

要對付病毒就沒有這麼簡單了。病毒不具細胞結構，是由ＤＮＡ或ＲＮＡ與蛋白質構成的，單獨存在時無法獨立生長和複製，可是也不會被消滅，不過一旦病毒找到了宿主「寄生」，即可利用宿主的細胞系統進行複製、造成感染。簡單說，沒有宿主時，病毒什麼都不是，勉強只能說是一段「資訊」；可是一旦寄生到生物體上，它就會生龍活虎地感染其他的生命體。所以，病毒到底算是「生物」還是「非生物」，一直是個討論中的議題。

非洲豬瘟的病原體就是一種病毒，這也是為什麼在冷藏與冷凍的豬肉上，雖然病毒沒有被活化，但也不會死亡，可以存活三個月到三年，相當頑強。

病毒不是殺不死，只是沒有像細菌那麼簡單，靠酒精就能解決。殺死病毒的方式基本上有兩種：

1. 加熱到特定溫度，並且持續一段時間，讓DNA、RNA變性失去活性。
2. 用次氯酸水、漂白水這一類能破壞病毒蛋白質外殼的成分消毒。

不同種類的病毒，對溫度、消毒劑的耐受度也不一樣。以非洲豬瘟病毒來說，加熱到九十度C會失去活性，人類的胃酸也可以讓非洲豬瘟的病毒失去活性。更重要的是：非洲豬瘟並不是人畜共通傳染病！所以只要豬肉熟食，在疫區「吃豬肉」，不需要太擔心。

在家準備消毒水對抗非洲豬瘟？真的不用了

先前有相關新聞報導，教導主婦們在家裡自行以漂白水（次氯酸鈉）調製合適比例的消毒水對豬肉消毒。這其實完全不合邏輯！漂白水主要是用於畜牧場的環境衛生消毒，並不適合在家拿來對肉進行消毒！大家買豬肉回家，如果還要先泡過消毒水，基本上這些肉你應該也不會想再煮來吃了，不是嗎？

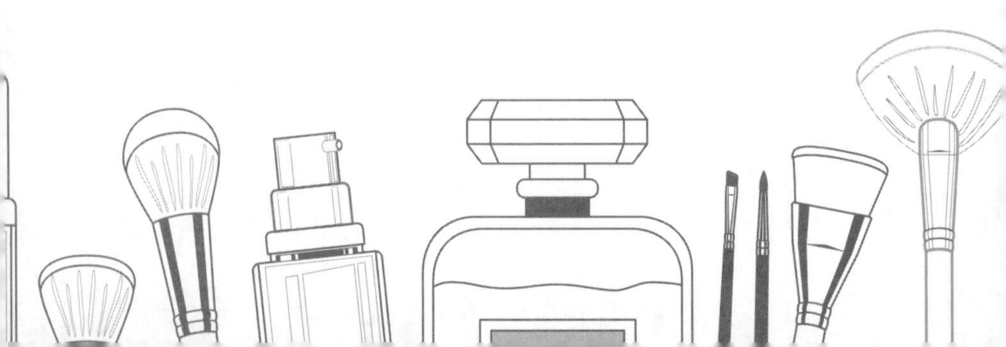

非洲豬瘟真正可怕的影響，並不是對人類，而是對養豬產業！要是非洲豬瘟傳染到台灣，是會讓整個養豬產業毀於一旦，讓台灣的豬農欲哭無淚的。再次提醒有安排出國的大家，千萬不要帶任何豬肉的製品回來，非洲豬瘟的防範真的還是要從這一步做起。

XXX報導

現在寒流籠罩，不少人都會買發熱衣，但是你買的，真的能夠發熱嗎？其實價格不是重點，而是材質，專家就說只有聚丙烯酸脂，或者是加了遠紅外線的聚酯纖維，才能發熱，我們實際直擊，其他包括日系品牌或超商賣的，並沒有這類的成分，頂多只能叫做保暖衣或者是蓄熱衣，卻都宣稱有發熱效能，但國家沒有統一標準，消費者只能自己把關！

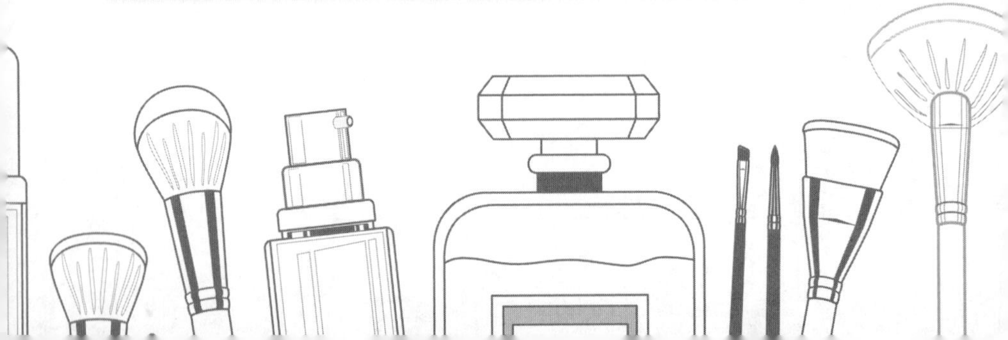

02 發熱衣其實根本不可能發熱？

這個星期又濕又冷，每天到辦公室都可以看到同事們全副武裝的來上班，手上一杯薑茶，毛帽、羽絨衣、暖暖包，然後討論自己的發熱衣暖不暖。

「我的發熱衣，都不會發熱，穿起來沒什麼感覺。」

「老大，發熱衣的機制到底是什麼啊？為什麼會發熱？」

嗯，其實，發熱衣根本就不可能「發熱」。

「什麼？」

你沒看錯。一件可以重複洗滌的衣物，不是暖暖包，沒有裝電池、充電或其他能量來源，絕對不會自己發出熱能。衣物保暖的熱量來源，永遠只有一個，那就是人體的體溫。

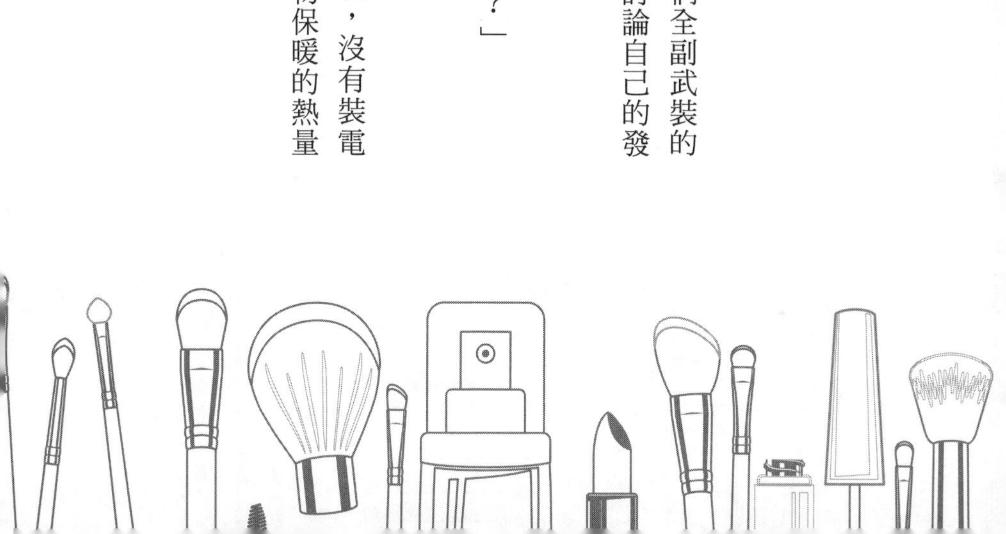

發熱衣原理破解

大部分的發熱衣都宣稱是以「遠紅外線放射性」或「纖維吸濕放熱」這兩種原理來「發熱」。讓我一樣一樣向各位說明吧！

所謂「遠紅外線放射性」，是利用陶瓷或是氧化鋯可以將可見光轉成紅外線的特性，達到發熱效果。

「可見光？」

沒錯，重點就是可見光。這些有添加「遠紅外線微粒」的衣服，要能發熱，前提是要接觸到可見光。可是一般發熱衣都是當內衣穿，所以在一般使用情況之下，添加這種物質的作用並不大。

另一種是所謂運用「纖維吸濕放熱」的原理，在布料中織入聚丙烯酸酯（Acrylate），利用纖維將人體放出的水蒸氣凝結成水時所放出的熱量，達到發熱效果。聽起來好像有點道理，因為水從氣態變成液態的確會放出熱。可是這些水蒸氣是來自「人體」，是體溫把水分變成水蒸氣的，在體表凝結回水，只是將體內的熱轉換到體外，整個過程並沒有額外的熱能產生。只能說是運用體溫「保暖」，而不是真的「發熱」。

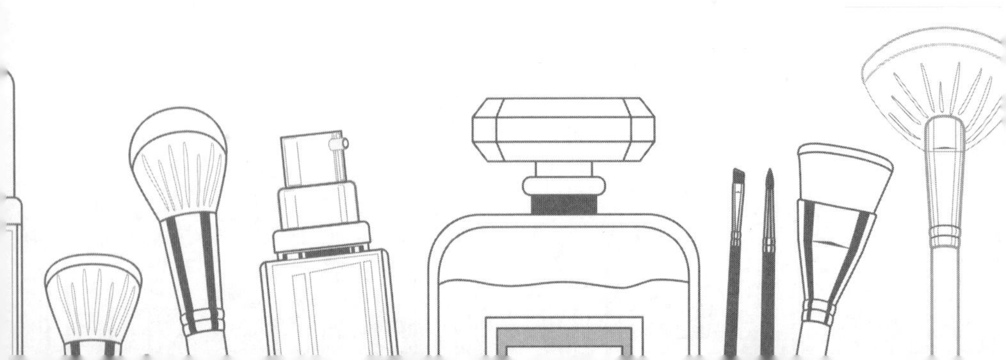

滑雪、登山用品中有發熱衣嗎？

大家也可以想一想，有曾經在滑雪、登山的專業戶外用品中，看到「發熱衣」相關商品嗎？滑雪跟登山需要長時間在寒冷環境中進行，應該是比日常生活更需要「發熱衣」這樣的東西吧！

然而，戶外用品界其實並沒有「發熱衣」這樣的說法，而是「排汗衣」、「保暖衣」。翻看排汗衣、保暖衣的成分標示，材質主要有羊毛、聚酯纖維等等。這些衣服的機能顧名思義就是排汗加保暖，排汗的部分是利用特殊織法，加速身體表面的濕氣排出，維持體表的乾爽；保暖的部分則是以中空纖維，在纖維之間保留空氣增加隔熱效果，最外層則是以防風的材質，防止冷風吹入，達到保暖效果。

所以，其實「發熱衣」並不能「發熱」，只能「保暖」！而保暖的暖源沒有其他，就是你的體溫。對居住在寒帶的人來說，多層次的洋蔥穿著，就是最保暖的做法！而這其中的原理，就是利用一層層衣物之間的空氣層，達到保暖效果。羽絨衣、棉被，都是一樣的道理！

最後，如果你真的覺得穿上某件衣服後，體溫會不斷升高，不要太高興，相信我，你發燒的機率絕對比較高！

XXX報導

就要過年了，但除夕氣溫也將往下掉，要是怕冷，不少人會選擇用暖暖包，只是暖暖包如果過期還能用嗎？化學老師說其實對人體沒有影響，不過擺得比較久，會影響暖暖包上升的溫度，維持熱度的時間也會縮短。拆開暖暖包，備戰除夕氣溫又要往下掉，但要是發現竟然已經過期，到底還能不能用？

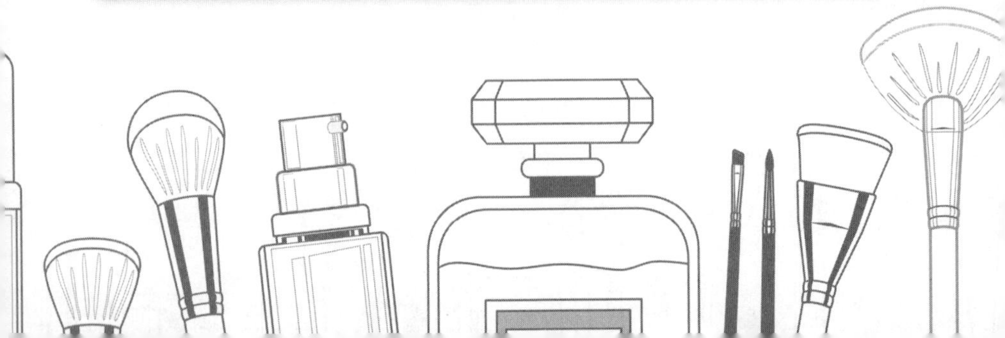

03 暖暖包一直搓，壽命會變短！一次搞懂四種「暖暖包」

氣溫陡降，濕冷的冬天，不少人都希望自己手中握著暖暖包吧，經濟方便又暖手，還能在口袋裡持續發熱。可是，你有沒有想過，暖暖包為什麼可以發熱呢？

嚴格來說，隨身的「暖暖包」至少有四大類：最常見的是冬天便利商店就有賣的拋棄式暖暖包；最傳統，看起來最有「貴族氣」的懷爐；再來是可利用熱水煮沸重複使用的暖暖袋；最後就是充電式／電池的暖暖蛋。這四種發熱小物發熱的原理，其實大不相同！

拋棄式暖暖包，到底含什麼成分？

這種暖暖包的主成分是鐵粉、活性碳、蛭石、食鹽。發熱的原理

其實就是讓鐵粉生鏽！

「鐵粉生鏽？」

是的，你真的沒看錯，鐵生鏽（也就是氧化）的過程會放熱。只是在日常生活中，我們看到的鐵生鏽，一般都是路邊廢棄家具上的鐵條或是鐵塊，它們鏽蝕的速度非常慢，所以感受不到生鏽的過程會放熱。

如果暖暖包中只放鐵粉，等著它自然生鏽產生熱，那……我想等到天荒地老海枯石爛，也不會暖的，而到時候人應該都冷死了！

因此，為了加速鐵粉的生鏽反應，這時候就需要活性碳、蛭石、食鹽。

「等一下，蛭石是什麼？跟水蛭有關嗎？」

蛭石是一種天然礦物，是矽酸鹽的一種。高溫下會膨脹，很像水蛭在蠕動，所以被稱為「蛭石」。可別因為它的名字就以為暖暖包裡有水蛭的屍體喔！蛭石的孔隙度很高，加上本身的結構特性，所以有很好的保水、透氣性，再加上密度又低，所以是一種園藝常用材料，育苗、播種、種植多肉植物時，都會用到大量蛭石來混成培植用土壤。

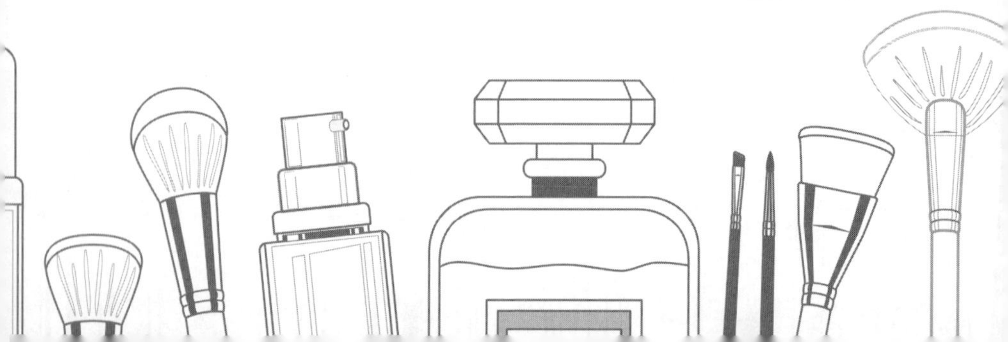

在暖暖包中，活性碳跟蛭石的功效一樣，就是吸收空氣中的水分，以加速鐵粉氧化的速度。食鹽則是發揮電解質的功用，加速氧化反應進行。在有鹽、有水、有氧氣的地方，鐵就會生鏽，而且是生鏽的很快！

這個原理告訴我們的另一件事就是：海砂屋真的不能買，很危險，因為鋼筋、鋼骨會鏽得非常非常非常快！

暖暖包搓了才會發熱？

其實暖暖包不用搓也會慢慢發熱，搓的動作只是加速反應速度，熱得比較快。講了這麼多，只是想提醒大家：暖暖包的原理絕對不是摩擦生熱！

拋棄式的暖暖包，視使用情況可作用八～二十四小時，越搓熱得越快，不過持續發熱的時間也會變短；相反的，撐得越久，溫度就不會太熱。暖暖包的溫度大約可達到四十度C～五十度C左右，如果放進口袋裡再加上搓揉，可以達到五十多度C。

用過的一次性暖暖包，還可以拿來做什麼？

雖然裡頭的鐵粉都已生鏽發熱完畢，不過多孔隙的活性碳和蛭石還可以吸收水分，冬天濕冷，用過的暖暖包可以放在鞋櫃、衣櫃中，除臭除濕，真正做到物盡其用。

貴族氣息十足的「懷爐」

懷爐的原理其實很簡單，就是「生火取暖」。加進去的燃油，燃燒之後發熱，所以可以取暖。

「生火？太危險了！一定會燙傷！」

別急別急，懷爐的火，不是看得見火焰的「明火」，而是利用觸媒讓燃油氧化生熱，所以很安全，溫度也不會太高（五十度C～六十度C）。只要出門前記得加油、定時更換火口，相對於暖暖包，懷爐其實是更環保的，外出使用上也算方便。

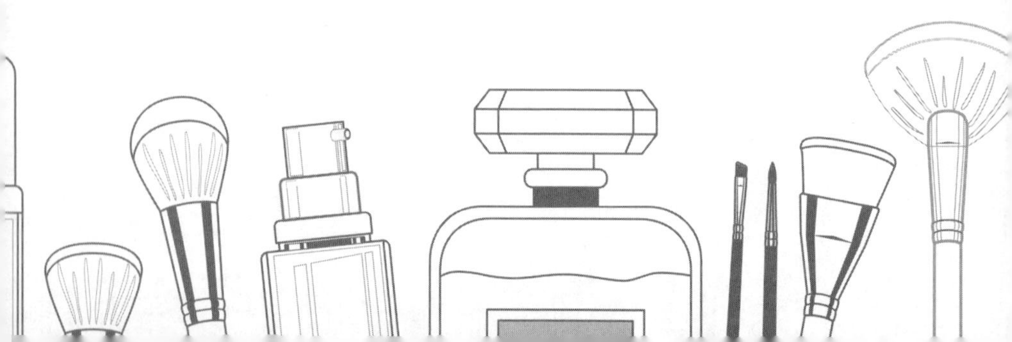

可重複使用的「液體暖暖包」又是如何發熱呢？

這種液體式暖暖包，顧名思義一開始是液狀的，液體中有一塊小金屬片，把金屬片折一下，暖暖包就會開始發熱，液體也開始結晶、硬化，等到整包都硬化之後，暖暖包也會開始慢慢冷卻。這種暖暖包的發熱原理是：過飽和溶液。

「過飽和溶液？」

先幫各位複習一下曾經學過的理化。每種物質在水中都有可以溶解的最大量。舉例說明：把糖加到水中，一開始攪拌一下就溶解了，但隨著糖越加越多，漸漸就會發現，怎麼攪糖都不會溶解了，開始沉澱在杯底。這個時候的糖水，我們稱做飽和溶液。

而如果想讓水可以溶更多的糖，就要加熱（當然，也有些物質是例外，越高溫溶得越少）。如果把一杯滾燙的熱水變成飽和的糖水，然後讓糖水慢慢冷卻到室溫，過程中不去攪動，不要造成糖結晶析出，這杯糖水就是所謂的過飽和溶液。

然而，過飽和溶液非常不穩定，只要受到一些刺激就會析出結晶體，而析出晶體的過程中，會伴隨熱量放出或吸收。液態暖暖包的發

熱原理就是選擇析出結晶會放熱的物質（通常是醋酸鈉），利用過飽和醋酸鈉溶液析出醋酸鈉結晶過程中所釋出的熱達到目的。而讓這一切發生的關鍵，就是那一片小金屬片。折金屬片的時候，會誘發結晶的產生，開始放熱。

當結晶析出完成，整包硬化後，暖暖包就不會再放熱了。它的發熱時間大約一～二小時左右，但是只要五～十分鐘就可以升溫至五十度C左右，比暖暖包快得多。放熱完畢後，只要將它丟入沸水中煮約十分鐘，結晶體又會回到過飽和溶液狀態，下一次就可以使用了。以外出使用來說，便利性的確是不如暖暖包、懷爐。但是居家熱敷，就很實用了。

充電式／電池暖暖蛋

充電式或電池暖暖蛋的發熱原理相對簡單，其實就是把電能轉成熱能，只要充飽電就可以發熱。

購買時建議選擇有廠牌的商品，不然帶在身上時發生漏電或是短路，滿危險的。

四種不同的暖暖包各有各自的好處，最後提醒大家，使用時還是要小心，盡量隔著衣物使用，別因為太暖，反而造成燙傷就不好了。

XXX新聞報導

很多人買電池想省錢，都是趁特價的時候，買一整排回家，然後裝在所有的電氣商品裡頭，但是要小心，裝錯電池的話，可能會導致漏液或爆裂。很多人為了省錢，就把碳鋅電池放到無線鍵盤、玩具裡面使用，但這種高耗電的商品，應該是要用鹼性電池才對，貪小便宜，反而可能把電器給搞壞，所以達人建議，應該要把電池分級分類收納，才能真正省錢……

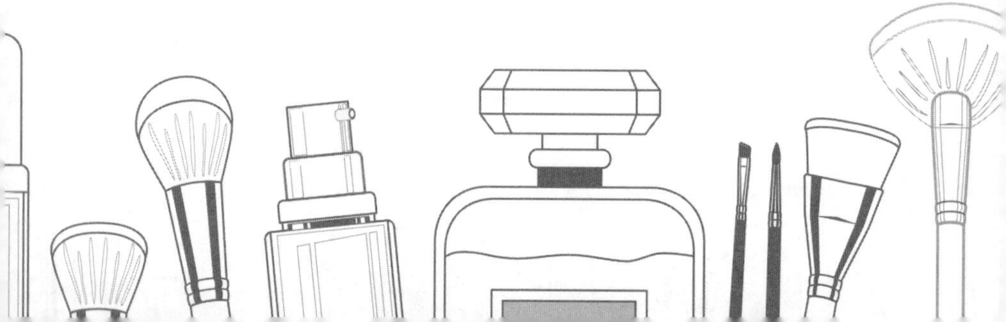

04 為什麼有些電池常常漏液？

炎熱的夏天，冷氣真是非常重要！除了停電沒辦法開之外，遙控器不能用應該是最討厭的事了……頂著大太陽好不容易回到家，才發現：電池漏液把遙控器弄壞了。

通常大家的第一個反應是：一定是電池不好，我要去買最貴的鹼性電池！

哎呀！萬萬不可啊！遙控器會壞是電池害得沒錯，但是改用最貴的鹼性電池，情況不見得會改善唷！

什麼是一次電池、二次電池？

電池可以簡單分兩種：一次電池跟二次電池。顧名思義，一次電池就是只能用一次，電用完不能再充電的。大部分的乾電池，不管是

鹼性還是碳鋅，都是一次電池；二次電池就是所謂的充電電池，可以重複充電使用。手機、筆電、特斯拉裡的電池都是二次電池，當然也有跟乾電池一樣大小的充電電池。

碳鋅電池 v.s. 鹼性電池

碳鋅電池就是最普遍、便宜的乾電池，正極是由粉末狀的二氧化錳和碳構成，負極則是鋅，內部的電解質通常是使用氯化鋅，也被稱做鋅錳電池。

鹼性電池（Alkaline Battery）因為用鹼性電解液而得名，日常生活中的鹼性電池，全名是鹼性鋅錳電池，以二氧化錳為電池的正極、粉末狀的鋅為負極，氫氧化鉀水溶液作為電解液。鹼性電池由於電極材料的利用率較高，所以電量比碳鋅電池高，大約多出三~六倍容量。

碳鋅電池屬於小功率供電的電池，平均電壓約1.5V，所以適合用在功率不大的設備像是遙控器、玩具、鬧鐘等等。鹼性電池適合耗電量大、需要快速啟動或長時間使用的器具，像是刮鬍刀、遙控玩具等，電壓可達到1.5V~1.7V。

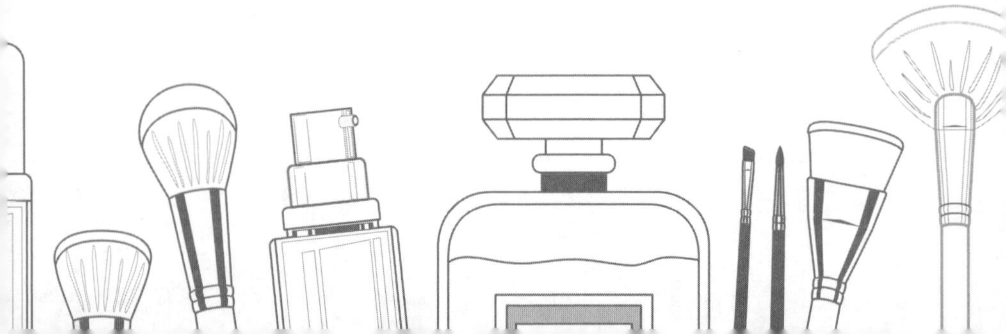

漏液問題：碳鋅電池、鹼性電池都會

「謝博士，哪一種不會流湯啊？」

Sorry，其實兩種都會。

碳鋅電池的負極「鋅」金屬同時也延伸成電池的外殼，放電的同時，金屬鋅被氧化成為鋅離子，鋅外殼會逐漸變薄，所以可能會出現電解質外漏，讓電池表面變黏。另外，就算電池沒有使用，電解質還是會與鋅作用，讓電池外殼變薄。所以，不要看到便宜就囤貨，要買新鮮的！一般而言，碳鋅電池的保存期建議是一年半。

鹼性電池也有可能會漏液。鹼性電池活性較大，比較容易自行放電，不但浪費電力也較容易造成漏液。而且鹼性電池的電解液是鹼性的氫氧化鉀，具有腐蝕性，所以像是鬧鐘，遙控器這些小功率的電器，比較不建議使用鹼性電池，以免因為自行放電造成漏液把電器弄壞了。如果電池長時間不使用，建議先將鹼性電池取出，以免自行放電造成漏液。

什麼是充電電池

考量到一次性電池較不環保，於是，市面上也陸續出現了二次電池，也就是充電電池。充電電池的電壓大約在1.2V～1.4V之間，常見的又有以下兩種：鎳氫電池、鋰離子電池。

鎳氫電池中，又有一種「低自放電鎳氫電池」，顧名思義，這種電池大幅改善了電池會自放電的情況，因而較不容易漏液，也可以預先充飽電，需要時就馬上可以使用。充電電池適用於較耗電的器具，像是會發光的閃光燈、數位相機、滑鼠等等。不過充電電池的電壓比較低，所以不是所有電器都可以使用。對電壓有要求的電器，像是某些門鎖遙控器，有馬達的玩具／相機等，就不見得可以用。

新買的鎳氫電池一般來說需要經過三～四次的充電和使用，性能才會發揮到最佳狀態，如果將充電電池用在鬧鐘，應該一整年才會充一次電，所以小功率的商品，用到充電電池，真的是「大材小用」。鎳氫電池雖然記憶效應較小，不過建議還是將電用完再充電，一般來說，只要使用的方式正確，充電電池可以重複使用五百～一千次。

現在市面上也有鋰鐵充電電池，電壓可到3.2V，搭配占位假電

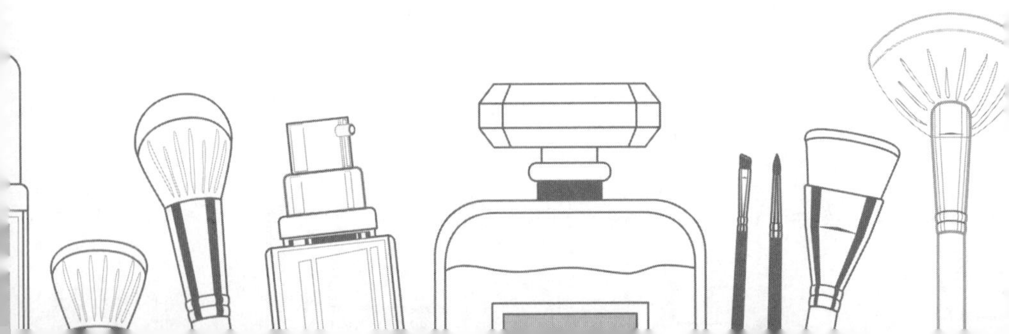

池，等於可以提供1.6V，不但解決充電電池電壓不足的問題，也可以替代碳鋅、鹼性等一次電池，符合環保，希望未來可以看到它越來越普遍。

至於鋰電池在上一本《謝玠揚的長化短說》中，有介紹過了，大家可以去翻出來復習唷！

常用電池代號對照表：AAA到底是幾號？

相信大家一定都曾經搞不清楚AA或是AAA到底是幾號電池吧！下表請參照。

使用電池的須知

避免混用新、舊電池：當新、舊電池

英文代號	台灣編號
D	一號電池
C	二號電池
AA	三號電池
AAA	四號電池
N	五號電池
AAAA	六號電池

混合使用時，舊電池與新電池供應的電壓和電流不同，可能造成設備的故障。

避免混用不同種類的電池：碳鋅電池、鹼性電池、充電電池等不能混用，不同型態的電池，輸出的電壓、電流及穩定性都不一樣，混用是比較危險的。

盡量避免混用不同品牌的電池：同廠牌的電池較能確保電池的品質趨近一致，同樣是避免不同品質的電池出現不同電壓、電流，造成危險。

不使用時，將電池從電器內取出，另外存放：避免電池自放電造成漏液，損害電器。

只要好好的理解電池背後的科學，電池將不再是弄壞家電的小麻煩，而是讓生活更便利美好的工具。

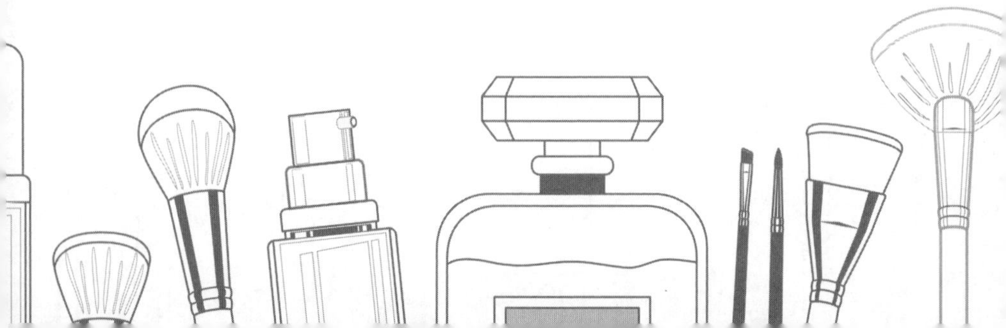

ＸＸＸＸ報導

農曆春節假期正式開始，不少民眾喜歡在春節燃放爆竹，應景年節氣氛。針對春節期間北市部分河濱公園開放燃放爆竹煙火的區域跟時段，北市水利處表示，除夕、初一兩天將特別開放至四處河濱指定區域，初二至初六則回歸正常，未開放的河濱公園仍禁止燃炮，在未開放時段或區域燃放均屬違規行為，將可依法開罰二千四百～六千元。

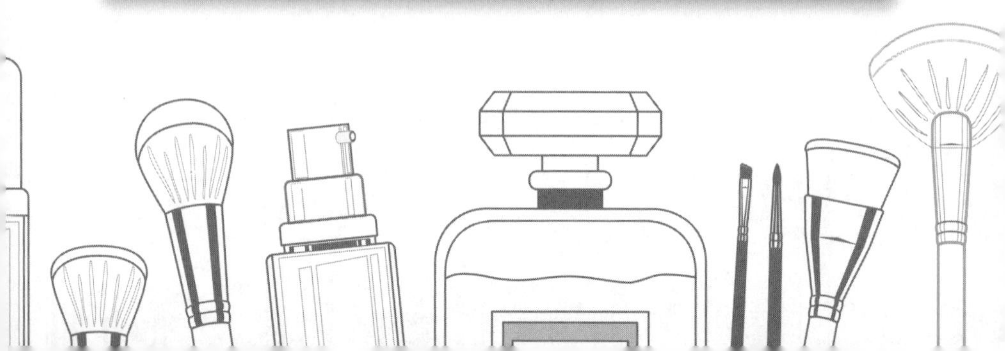

05 「那些年，我們一起放的鞭炮」大解析

過年期間，除了跟家人團聚，不少人最期待的，應該就是可以放鞭炮了！沖天炮、水鴛鴦、仙女棒、蛇炮……我也很懷念啊！

長大以後，雖然對爆竹跟鞭炮的原理已經了解，不再覺得神祕，但是看到小朋友玩，還是有趣。讓我們一起來看看這些繽紛的爆竹，背後的科學原理吧！

水鴛鴦、鞭炮、大龍炮

玩這幾類爆竹時，都會令人特別緊張，因為從點燃引線到真正爆炸需要一段時間，等待的時候，特別令人感到緊張刺激！之所以會有延遲引爆的效果，是因為爆竹由引線、爆炸區組成。

引線的部分很好理解，我們拿香點燃的地方就是引線。而爆炸區

的地方是由硫磺粉、鋁粉、硝酸鉀組成的。

如果把水鴛鴦拆開，會看到黃、灰、白三色的粉末，依序是硫磺、鋁粉、硝酸鉀。鋁粉與硫磺粉是燃料，而硝酸鉀是氧化劑。鋁粉燃燒時會產生強光，再加上燃燒時產生的氣體，爆炸時的煙霧瀰漫，就是這樣來的。

沖天炮

沖天炮的結構稍微複雜一些，由引線、推進區、爆炸區組成。

當我們點燃引線後就會開始燒，燒完引線就會接著點燃推進區的火藥。

火藥主要是由碳粉、硝酸鉀組成，有時候也會添加硫磺，一般看到的沖天炮，引線接著的地方會是個紙筒，火藥燃燒時產生大量的氣體，就會從紙筒的下方排出，因此可以把沖天炮推上天空，同時發出「咻」的一聲；其實這也是火箭升空、煙火升空、鋼鐵人可以在天空中飛行的原理。

爆炸區就與剛剛提到的爆竹類鞭炮的爆炸區幾乎相同，由碳粉、

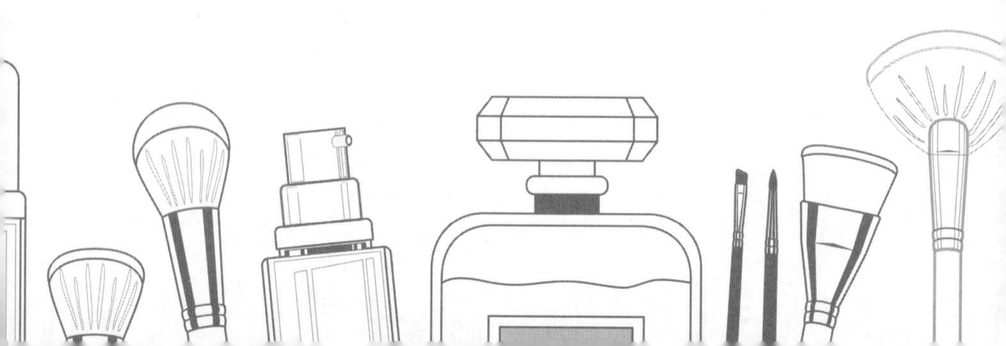

鋁粉、鋁鎂合金粉，以及硝酸鉀或是過氯酸鉀、氯酸鉀組成，好讓沖天炮產生爆炸效果。

著名的鹽水蜂炮，就是由成千上萬的沖天炮組合而成，不過參與時要特別注意穿著完整的保護裝備，以免受傷。玩沖天炮時，要特別注意安全，千萬不要對著人、建物、車輛發射，發射方向應朝向空曠的地方或天空，旁觀者要眼觀四面，注意自己的安全。

蛇炮

蛇炮其實就更有趣了，如果你從來沒有看過，可以參考這支影片。

https://www.youtube.com/watch?v=dXpC9AuekfE

它的成分其實很單純，就是只有砂糖、小蘇打粉，然後就沒有了。

「就這麼簡單？」

對，真的就是這麼簡單！當蛇炮被點燃開始燃燒，蔗糖或砂糖就提供了可以燃燒的碳（糖就是碳水化合物），而小蘇打粉（碳酸氫鈉）發熱時則會膨脹並且產生二氧化碳氣體，成為黑色碳粉的膨脹

劑，也就是形成「黑色蛇體」的原因。

仙女棒

其實仙女棒的成分是各式各樣的金屬粉末加上氧化劑，鋁跟鎂的混合粉末會產生白色火焰、鐵粉則是金色，硝酸鉀、硝酸鋇、過氯酸鉀是氧化劑。

至於火花分岔的關鍵，則是因為燃燒時不斷的產生小爆炸，讓燃燒的粉體向外噴射，因為視覺暫留的效果，就覺得是一道道噴射、分岔的火花了。

要特別注意的是，為了產生火花效果，仙女棒的組成物燃燒時的溫度非常高，所以雖然非常浪漫，但是要小心燙傷！

記得準備一盆水，將燃燒完的仙女棒投入水中，避免樂極生悲。

今年過年，帶小朋友玩爆竹時，不妨也可以簡單向他們解釋這些鞭炮背後真正的原理！

最後，提醒各位，由於環保與安全因素，要玩鞭炮請務必找可以施放的地方，春節期間，台北市有開放部分的河濱公園讓大家可以施

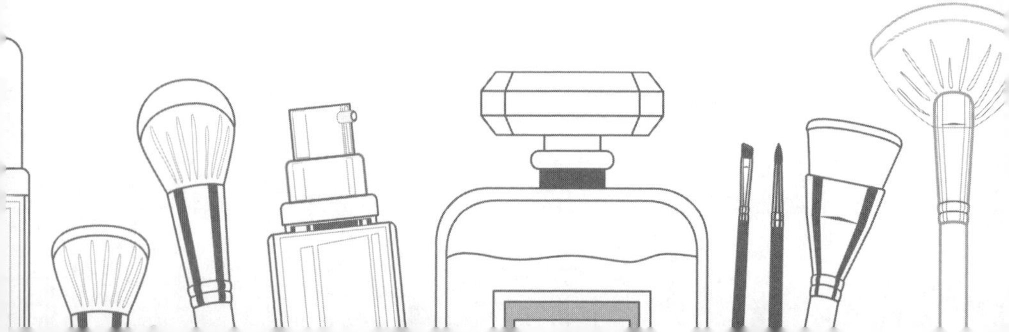

放爆竹與煙火，不在台北過年的，在點燃引線前，不妨也確認一下各縣市政府的相關規定。

XXXX報導

雙十國慶，晚上的重頭戲就是美麗的國慶煙火，屏東睽違十二年，再度有國慶煙火照亮夜空，超過一萬六千發的煙火彈，施放時間更長達四十二分鐘，搭配交響樂團演出，讓現場觀眾High翻了，透過畫面，帶您來感受，這場台灣史上最長紀錄的國慶煙火……

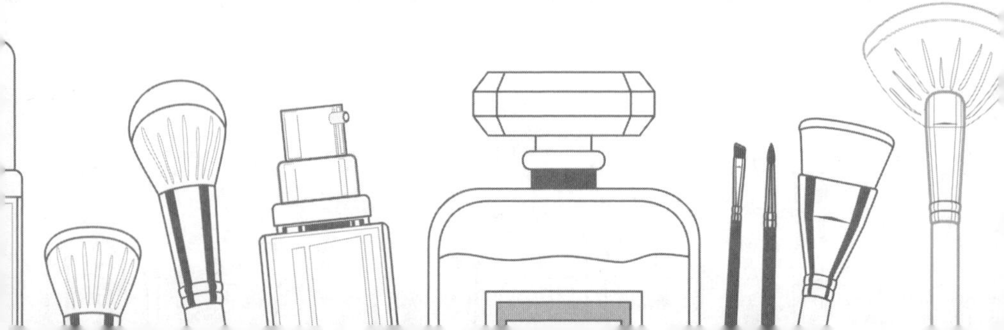

06 解析煙火絢爛的原因

每年雙十國慶、跨年，大家最渴望的，一定就是看國慶煙火、一〇一煙火了。但是，你知道為什麼煙火可以有各式各樣的顏色呢？為什麼有的煙火可以爆炸二次或是三次，或是有各種不同圖案、效果呢？

煙火為何能飛上天？

讓我們從煙火的結構開始說起，簡單來說，一顆完整的煙火彈會包含三個部分：引線、推進區、爆炸區。

「引線就是放鞭炮時我們去點燃的地方？」

沒錯！引線的部分很好理解，大家小時候有沒有放過沖天炮呢！我們拿香點燃的地方就是引線，引線會一路燒，燒完引線就會接著點

燃推進區的火藥。火藥主要是由碳粉、硝酸鉀組成，有時候也會添加硫磺，火藥燃燒時會產生大量的氣體，因此把沖天炮、煙火推上天空；可以參考前面一篇文章。

煙火的五顏六色怎麼來？

講完引線、推進區，再來就是爆炸區了。爆炸區就是我們看到天空中美麗煙火圖案的本體。爆炸區裡主要分為火藥與光珠兩部分。火藥的功能就是要將光珠炸開，而光珠則是由許多不同的化學物質組成，又可以分成兩種：發光劑和發色劑。

發光的部分是鋁、鎂的金屬粉末，這兩種金屬燃燒時會發出強烈白光，形成亮度。而發色劑就是煙火五顏六色的關鍵！不同的金屬化合物，燃燒時會產生不同顏色的火焰：紅色是鋰、橘色是鈣、黃色是鈉、綠色是鋇、藍色是銅、紫色是鉀等等。而煙火的圖案，則是來自光珠在煙火彈中不同位置的排列，爆炸之後就形成像是圓型、愛心、瀑布等獨特的形狀。

「那為什麼有些煙火會有第二次或是第三次的爆炸呢？」

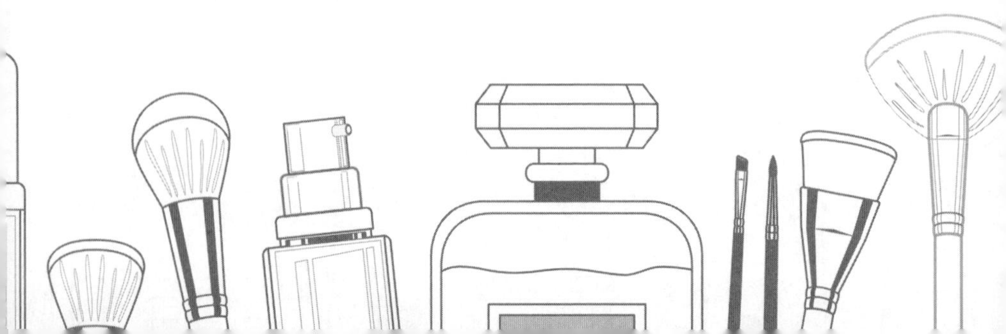

延遲引爆機制

第二次或是第三次的爆炸，來自煙火彈中的延遲引爆機制。這個機制聽起來很神祕，但其實原理也很簡單，就是把第二次爆炸的火藥與光珠，跟第一次的爆炸區域區隔開來，再用引線連接。因此，第一次爆炸也會同時點燃第二次爆炸區的引線，引線燃燒造成第一次跟第二次爆炸中間的時間差，也會讓觀眾在觀看時覺得充滿驚喜！

煙火的綻放，只有幾秒鐘的時間，不過製作的過程繁複，需要的時間也很長。短暫的浪漫，其實是來自事前許許多多辛苦準備，正所謂「台上一分鐘、台下十年功」啊！其實創業的過程也是如此，平時辛苦的努力、積累，才能在機會來臨的時候，把握契機、發光發熱。下次欣賞煙火的時候，別忘了向籌備、製作過程的無名英雄致敬！

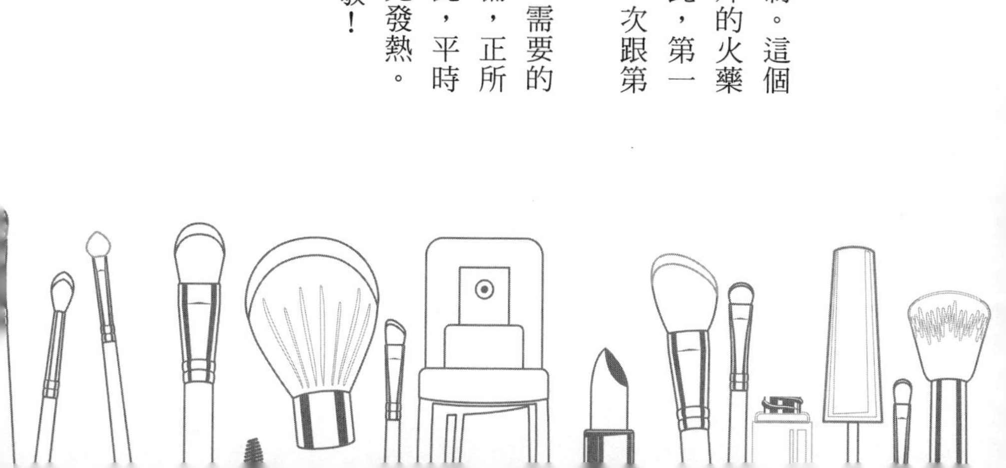

XXX報導

您還記得幾年前塑化劑風暴嗎？國內不肖廠商在食品添加物起雲劑裡，違法添加有害的塑化劑，震驚全台！當時飲料、保健食品知名大廠都中標，流向全台，雖然政府緊急將高風險食品下架封存，因為塑化劑造成的危害，早已來不及挽回，國內有許多專家學者，這幾年持續關注塑化劑研究，發現對人體影響不小……

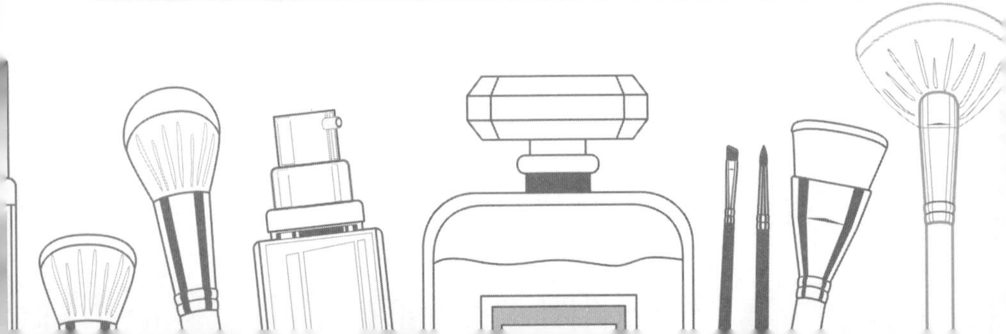

07 隱藏生活中的塑化劑危機

「用塑膠袋裝熱湯嗎？小心塑化劑溶出！」

「保鮮膜不能進微波爐！會溶出塑化劑！」

二〇一一年，台灣爆發了塑化劑事件，當時發現食品原料供應商，在常見的合法食品添加物「起雲劑」中，使用廉價的工業用塑化劑以節省成本。從那時起，「塑化劑」這個名詞就像是過街老鼠一樣，人人看到就心驚。

可是，事情其實沒有那麼簡單，塑化劑並非只存在塑膠中，也不是每種塑膠中都有塑化劑，今天就來跟大家聊一聊塑化劑到底是什麼吧！

塑化劑到底是什麼？

塑化劑（Plasticizer），也可稱作增塑劑、可塑劑。簡單說，它是一種可以讓材料變得更柔軟、增加可塑性的添加劑。塑化劑種類有一百多種，目前使用最普遍的是鄰苯二甲酸酯類的化合物。塑化劑會添加在塑膠、混凝土、水泥、膠粘劑與石膏等材料中。一般來說，塑膠當中添加塑化劑是為了製作成不同軟硬度的產品，以符合各種不同的用途，愈軟的塑膠成品所添加的塑化劑通常也愈多。

塑膠袋、保鮮膜都有添加塑化劑嗎？

這可不一定！

如同剛剛所說，塑化劑是讓材料變得更柔軟的添加劑，所以如果材料本身已經很柔軟、可塑性很高，就不需要另外添加塑化劑。聚乙烯（PE, polyethylene）在低密度的狀態下是很軟的，所以不需要塑化劑就可以做成很薄的塑膠袋跟保鮮膜。但也因為沒有塑化劑，PE保鮮膜比較不黏，用起來沒那麼「順手」。

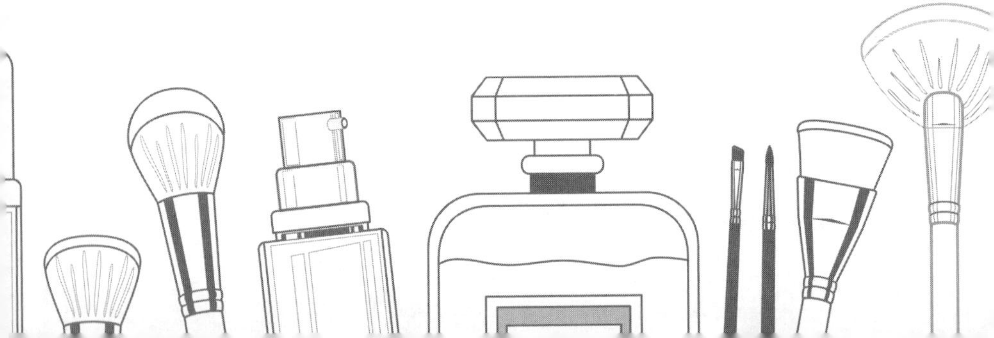

聚氯乙烯（PVC, polyVinyl chloride）本身較硬，需要添加塑化劑才能製成保鮮膜。由PVC製成的保鮮膜或是塑膠袋，才需要擔心塑化劑溶出的問題。

PVC保鮮膜加熱才會溶出塑化劑嗎？

這也不一定！

PVC保鮮膜添加了大量的塑化劑，而塑化劑與PVC材質並非以化學鍵結合。打個比方：有點像是把糖跟鹽混合一樣，糖還是糖、鹽還是鹽。所以PVC保鮮膜當中的塑化劑，會因為溫度、使用時間、pH值變化、碰到溶劑等等外在因素的影響而釋放。即使不加熱，只要保鮮膜與食物接觸，塑化劑就有機會釋放到食物中，尤其當接觸富含油脂的食物，更易「溶」出塑化劑。

此外，雖然PE製的塑膠袋與保鮮膜不會有塑化劑溶出的問題，但是塑膠是高分子聚合物，裡面難免會有未聚合的單體，製造過程中也不見得只有塑化劑一種添加劑，所以碰到油、熱時還是可能有一些物質釋出。此外，攤販或是小吃攤常見的塑膠袋材質是低密度聚乙烯

（LDPE）或是高密度聚乙烯（HDPE），也是一樣的狀況，所以也不建議拿來盛裝熱湯類的食物、油脂類食物。

另外，也請大家記得，只要是保鮮膜，不管哪一種材質、不管多厚，都請注意：

1. 盡量不要直接接觸食物。
2. 不要加熱，這樣使用起來比較安心。

所以塑膠袋、保鮮膜到底能不能用？

這是個沒有一定答案的問題。如果你不想負擔任何風險，盛裝熱食或是液體，還是玻璃與瓷器最安全。當然，要做到這件事真的很難，我自己也未必做得到。但老話一句：要規避多少風險，就要付出多少代價。這就交給各位自行選擇判斷囉！

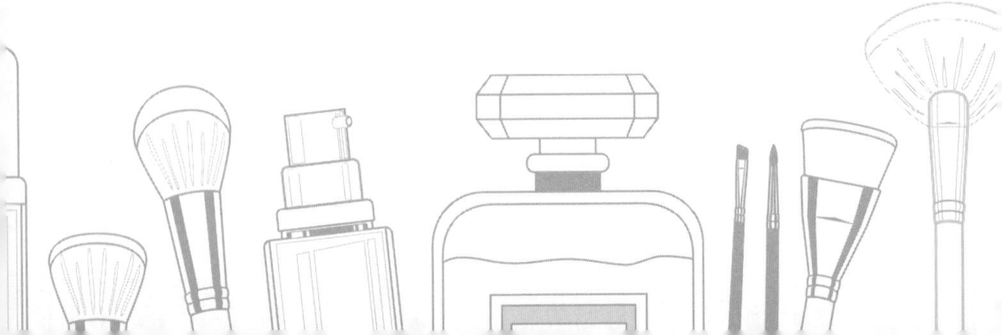

第 7 篇

我們只有一個地球

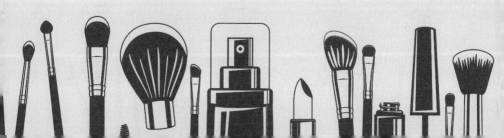

XXXX報導

包含政府部門、學校、百貨公司業及購物中心、連鎖速食店等四大對象，將從七月一日起不提供塑膠吸管，違者將依法予以勸導，若仍再犯，可處以一千二百到六千元不等罰款，除邀請業者召開說明會外，也鼓勵民眾自備可重複利用的環保吸管……

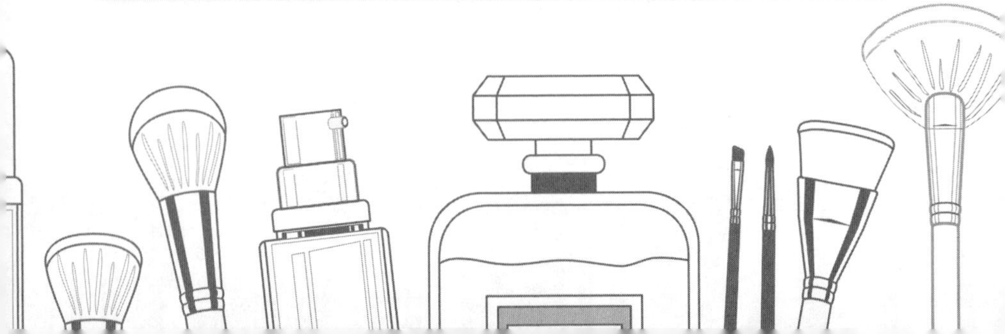

01 禁用塑膠吸管真的環保嗎？

環保署於二〇一八年二月中宣布「海洋廢棄物治理行動方案」，目標將在二〇三〇年全面禁用一次性塑膠製品，包括：購物用塑膠袋、免洗餐具、外帶飲料杯及塑膠吸管等等，二〇一九年也將開始限制塑膠吸管的使用。消息公布後，引發許多的討論，網路上展開了幾番論戰，有不少網友提到：「為什麼不使用可分解的塑膠袋呢？」

「可分解」這三個字，說起來簡單，做起來可是一點都不容易，實際上的含意其實很複雜；網路上許多「鍵盤專家」上知天文下知地理，對於各式專業知識都「略懂略懂」，像是這次限塑的議題，我看到有網友發言：「白癡！為什麼不學學日本使用可分解塑膠呢？」其實這樣的發言，不但缺乏專業知識，無法進一步討論問題，對於改善環境更是一點幫助也沒有！

可分解的意涵：「裂解」V.S.「分解」

所謂可分解，至少有兩層含意：「變成小片或是碎片」，以及「分解成無害的單體」。

「什麼意思呢？」

「變成小片或是碎片」就是「裂解」，也就是讓塑膠變得比較小塊。最常見的就是在塑膠袋裡，加入玉米澱粉或是碳酸鈣等成分，玉米澱粉與碳酸鈣可以自然分解，而當它們分解後，就會造成塑膠袋「裂解」，也就是聚乙烯（PE）的塑膠會變得比較小塊。不過，裂成小塊的塑膠終究還是塑膠，既不會繼續分解，也沒辦法達到環保效果。

另一種裂解的方式是在塑膠中添加光敏促進劑，讓紫外線加速塑膠中的高分子斷裂，只要曬到太陽，塑膠就有機會裂成小塊，甚至成粉末。但就算變成粉末，塑膠也還是塑膠，無法再繼續分解。裂解後的塑膠碎片，因為體積變小，不但增加收集回收的難度，也更容易形成塑膠微粒，讓其他生物誤食，變成更麻煩的問題。

我想告訴大家一個很重要觀念，任何製品只要是含有PE（聚乙

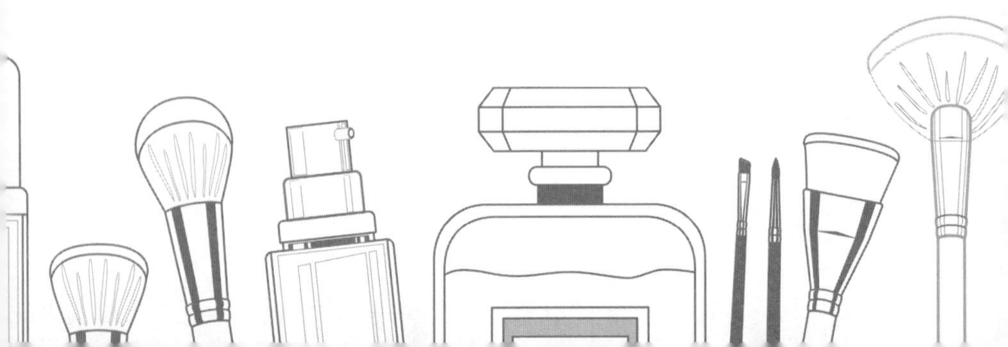

烯）、PP（聚丙烯）、PVC（聚氯乙烯）、PS（聚苯乙烯）等塑膠材質，都是無法自然分解的，唯一可以運用它的方式就是：回收再利用。就算裡面加了米糠、玉米澱粉、PLA等自然可能分解的成分，變成小片之後依然還是塑膠，一點都不環保，反而因為目前的回收技術尚無法將自然成分與塑膠分開，所以讓這些材質更難進入回收體系。說直白一點：用添加自然成分的塑膠比用純塑膠更糟糕！

「難道都沒有真正可以完全分解的塑膠嗎？」

可完全分解的塑膠——PLA

有的。其實就是PLA。PLA是把來自麥桿、稻稈、玉米等植物中的澱粉和纖維素，經過發酵後產生乳酸，再將乳酸聚合之後形成聚乳酸（polylactic acid, polylactide），也就是PLA。

PLA是一種生物可分解的高分子材料，是真正的可分解塑膠。PLA和塑膠一樣有良好的延展性，可以加工製成各種用品，是很好的塑膠替代品。PLA在高濕度、高溫的情況下，會同時產生水解跟熱降解，變回乳酸，最後成為二氧化碳和水。這也是PLA被稱為「可分解環保材

料」的原因：因為它真的可以分解。

不過，PLA的分解，需要發生在六十度以上高溫高濕，還要有厭氧菌的環境，如果所有環境條件均符合，PLA有可能在六十天內分解完畢，如果是放在不同的環境中，分解的期間就會需要更長時間，當PLA的製品進入海洋，會讓PLA更不容易被分解。所以，也別天真的以為，PLA塑膠袋只要放在那，就會自己化成空氣跟水：絕對沒這回事。

台灣的塑膠用量大，當務之急是「減量」

台灣一年使用一百六十五億個塑膠袋，三十億根塑膠吸管。每人平均三天用一根，單單一天就用掉八百多萬根！管制總體的使用量，我認為是當務之急！即使是可以分解的PLA，分解的過程也沒那麼簡單，需要配合特定的溫度、濕度條件，才有機會可以完全分解。所以「減量」才是根本之道。

很多人常常問我，什麼是環保？我認為環保的核心就是「少用」，透過「減量、再利用、回收」，真正降低用量，才是真環保！舉個生活案例：如果你家已經堆了好幾副環保餐具，偏偏出去吃飯總

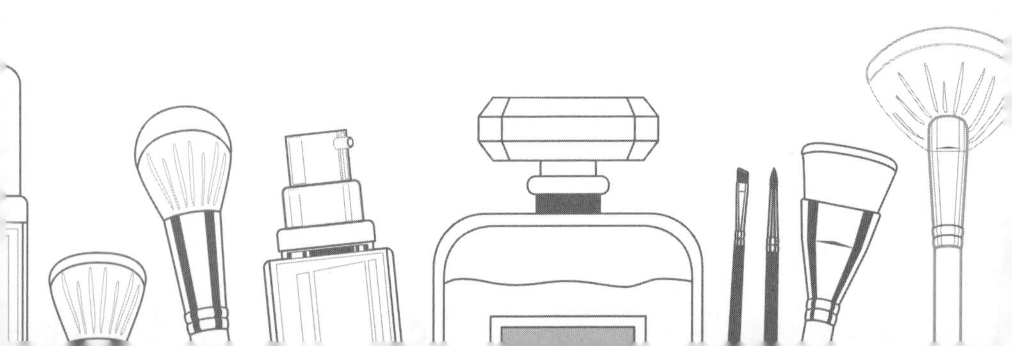

是忘了帶，還是用店家提供的免洗餐具，逛街時看到可愛的環保餐具又忍不住手滑購買，這樣就是「非常不環保」的行為。買環保餐具並不是買贖罪券，求心安理得還是要從日常生活做起。此外，聲稱自己反核電，同時又「拒絕火力發電拒絕PM2.5」，但總是出門不關冷氣的人，也是一樣「非常不環保」，因為電力的消耗，一定伴隨著污染的產生。

「減塑」、「限塑」的相關政策，可以透過法規的力量，讓總體的使用量降低，在一定的時間內，舒緩塑膠垃圾的問題。與其著墨於使用的材質，我認為大家回頭檢視自己日常行為是否符合真正環保的原則才是治本之道，最後再一次提醒大家，真正的環保原則無他，就是：減量、再利用、回收（Reduce, Reuse, Recylce.）。可別只是當個「嘴巴支持環保，但行為卻背道而馳」的環境破壞者了。

XXX綜合報導

從小到大我們就被灌輸垃圾要分類的觀念，但恐怕我們都是作白工！以塑膠來說，只有寶特瓶和牛奶罐能夠順利回收再利用，其他塑膠因為雜質太高，所以就算背後印有可回收的標誌，事實上，也沒有廠商願意回收再利用。專家痛批，環保署仍舊把這些公告為可回收的種類，導致回收商硬收下來卻沒地方放，有些只能焚化，而絕大部分被亂丟、亂堆置，再度成為污染環境的垃圾！

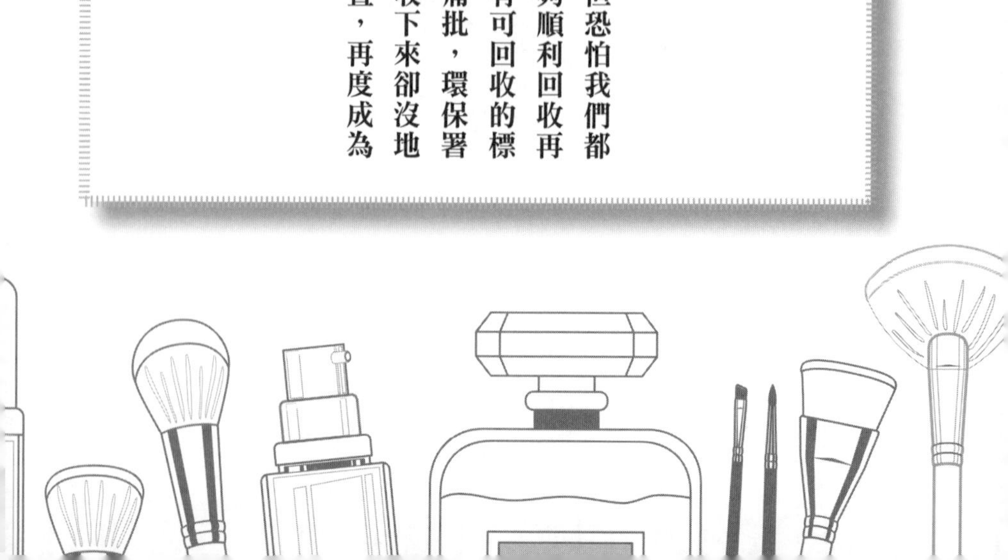

02 回收=垃圾減量嗎？

上兩篇文章中，提到環保署宣布預計擴大限制使用塑膠製品，以及「限制塑膠吸管」相關議題。文章中提到了兩個重要觀念：

1.可分解的PLA，並不是放在那裡就會自動變成空氣和水，需要特定環境條件的配合。

2.我們可以重複使用塑膠的方式，只有靠回收。

「所以只要能做到確實回收，應該就沒有問題了吧？」

這個問題的答案，是看你對「確實回收」的定義是什麼。如果覺得把瓶子丟到資源回收桶，它們就會被回收並做成新的瓶子，我還是那句老話：事情並沒有這麼簡單！「回收成本」以及「複合材料」兩個因素，使得回收一點都不簡單，這篇文章讓我們深入探討一下。

賠錢生意沒人做：回收是有成本的

我們丟到回收桶的垃圾要先經過分類、整理、清洗，才能重新加工成塑膠粒，進行二次使用，而且回收後的二次料，使用上也有限制。如果不符合成本效益，那根本不會有任何人願意做回收再利用這件事。說到成本效益，很多我們生活中使用的物品，回收的價值其實很低，事實上根本就沒有回收再利用。以塑膠為例，大部分塑膠其實是石化產業在生產汽油等燃料用油時的「副產品」之一，由於國際原油價格不算高，燃料用油需求量又大，所以新的塑膠原料，會比使用回收的塑膠原料還要便宜。

「怎麼可能？」

雖然難以置信，但事實的確如此。舉個例子：再生紙的成本，往往比原生紙還高，因為要花大量的水及能源去回收、清洗。

「為什麼？」

因為複合材料。

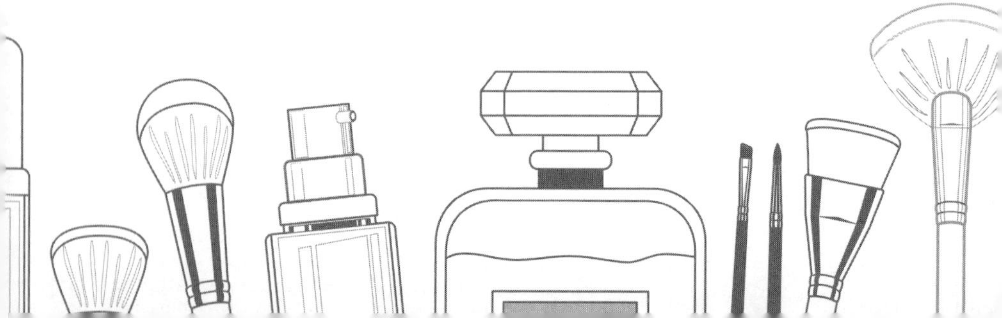

複合材料，幾乎不可能回收

什麼是複合材料？舉個例子：便當盒、咖啡杯、手搖飲料杯等，它們的主體是紙，大家可能覺得這很好回收。但事實上，為了達到防水效果，這些紙杯內部都會上一層薄薄的塑膠膜。如果要回收這些紙杯，為了要讓主要材質「紙」可以再利用，一定得將這層薄塑膠和紙分離開來，才有可能進行。然而，回收這些紙容器，在處理的過程中會因清洗產生污水，也有可能製造廢氣，成本並不算低。所以我們每天使用的紙容器，在無法進入回收體系的情況下，最後幾乎都進了焚化爐。根據環保署公布的數據資料，台灣每年消耗的飲料一次性紙杯高達一〇．七億個，平均每天就有近三百萬個紙杯垃圾，而這些垃圾幾乎都無法回收。

市面上也有將可分解材質PLA添加至塑膠PE製品中的塑膠瓶，就回收的角度而言，這些瓶子其實是比純塑膠更加糟糕的，因為根本不存在同時符合成本效益，又可以將可分解塑膠和純塑膠分離的技術，當瓶子的材質越複雜，要將各個材質分離開來的過程就更難，以環保的角度來看，號稱含有可分解塑膠材質的塑膠瓶，其實比純塑膠瓶還

難處理。

不只紙類和塑膠，其實玻璃也很難真正進入回收體系。玻璃的回收程序十分複雜，要將不同顏色的玻璃製品分類，瓶身的貼紙、標籤也要撕乾淨……這些回收的要求，都增加了玻璃進入回收體系的難度。

「提升回收效益」已是國際趨勢

回收已成為全球性議題，除了台灣環保署公布限塑相關政策，南韓政府也在二〇一八年五月公布了減少塑膠垃圾的計畫，其中，除了限制通路提供塑膠袋之外，也計畫將所有飲料瓶、瓶裝水的寶特瓶改為無色，以減少回收過程的成本，提升回收效率。

回收不是萬靈丹，減量和重複使用才是真環保

我想跟各位說，回收成本並不低，實務上也有許多困難，並不是很認真得進行垃圾回收分類，就可以達到效果。

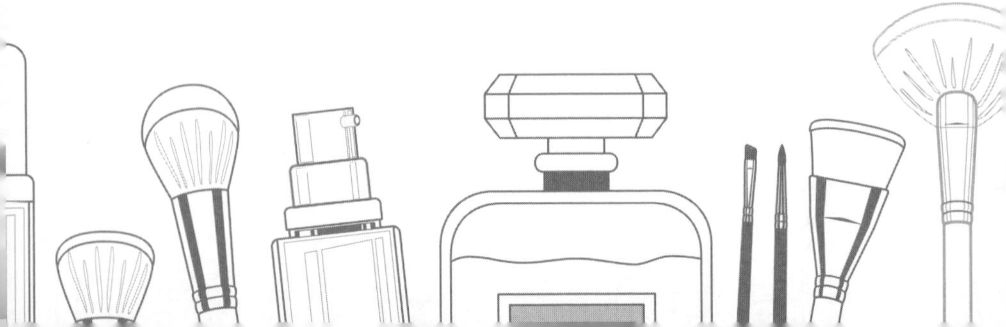

大家應該都了解，真正的環保就是三R：Reduse、Reuse、Recycle。其中最重要的其實是前兩R：減量和重複使用。多重複使用自己擁有的物品、減少自己實際產生的垃圾，比單純認真做好垃圾分類有效多了。環保已是刻不容緩的議題，在科技能做到有效回收利用之前，垃圾減量、重複使用，才是真正愛地球。

所以下次看到可愛的PLA環保餐具，別再以環保愛地球之名行手滑購買之實，你家裡一定已經有好幾副了，找出來用吧！這才是真正愛地球。

XXX報導

從海龜鼻子拔出塑膠吸管，狂流血的畫面，讓身為人類的我們好慚愧！「限塑令」議題持續發酵，台灣禁用一次性塑膠吸管，計畫在明年上路，也讓各種環保吸管熱賣，其中一款「甘蔗吸管」爆紅，但也讓不少民眾好奇，是否可完全分解不殘留？答案令人震驚……

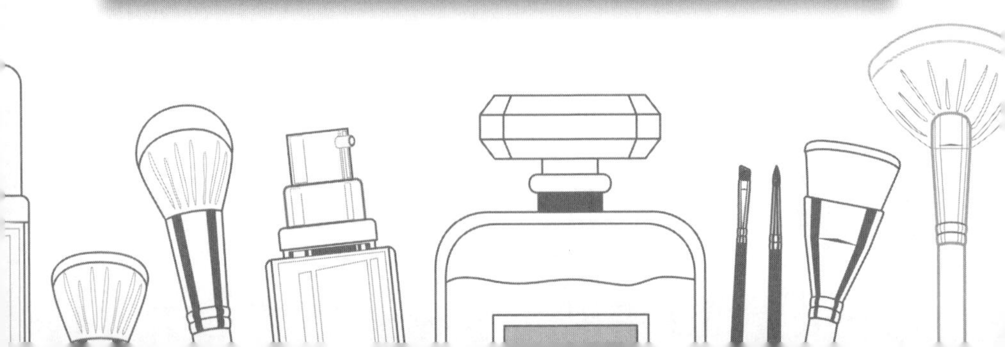

03 甘蔗吸管真的環保嗎？

自從環保署二〇一八年二月中發布了限塑令，二〇一九年起將逐步禁用塑膠吸管，各式各樣替代吸管材質成為熱門話題。甘蔗吸管，也是其中的焦點！

根據甘蔗吸管製作團隊所提供的資訊：「甘蔗吸管以天然植物原料製作而成，廢棄後自然分解成水與二氧化碳。」聽起來是一〇〇%生物可分解、一〇〇%環保，但是，真的有這麼美好的事情嗎？

真的有一〇〇%生物可分解的原料？

有的，而且大家絕對不陌生，我上篇文章也介紹過了，就是PLA。PLA是一種生物可分解的高分子材料，是真正的可分解塑膠。PLA和塑膠一樣有良好的延展性，可以加工製成各種用品，是很好

的塑膠替代品。PLA在高濕度、高溫的情況下，會同時產生水解跟熱降解，變回乳酸，最後成為二氧化碳和水。這也是PLA被稱之為「可分解環保材料」的原因：因為它真的可以分解。

因為PLA是利用植物中的澱粉和纖維素，經過發酵後產生乳酸，再將乳酸聚合之後形成聚乳酸（polylactic acid, polylactide），簡稱PLA。所以，不少廠商會直接「簡化」的宣稱：這是竹子、麥桿、稻稈、玉米……做的，當然，也包括甘蔗。聽起來真是相當的美好啊。

老讀者應該猜到下一句了：「事情當然沒有這麼簡單。」

PLA的分解，需要特定的條件配合，別天真的以為，PLA製的塑膠吸管或是塑膠袋只要放在那，就會自己化成空氣跟水：絕對沒這回事。詳情可參考上一篇文章。

另外，純的PLA其實並不適合直接當作餐具拿來使用：因為超過六十度，PLA就會開始變軟、變形。所以，純PLA吸管，是不能喝熱珍奶的唷。

簡單一句話，PLA真的可以生物分解，可是分解的環境需要特定條件的配合，而這些條件並不是很容易達到。再加上材料特性，所以幾乎不可能使用一〇〇%PLA來做餐具。

塑膠餐具為何不回收？什麼是一〇〇%真環保？

除了會不會分解、是不是和喝熱飲之外，我還想溝通一個觀念：回收是否能成真，跟成本有很大的關係。如果一種材料回收後再製成再生料所花的成本，比直接買材料還要高，就是一個賠本生意，而賠錢的生意是不會有業者願意投入的。過去我也有討論過做好回收，垃圾也不見得會減少。

依據台灣目前的現況（其實其他所謂「環保先進國家」也差不多），使用過後的吸管，不管是塑膠還是PLA的，根本都不大可能回收，通通會進到焚化爐被燒掉；因為回收的價值並不符合成本。不過換個角度來思考，PLA焚燒之後造成的污染是比石化原料製成的塑膠要來得少一些。雖然無法一〇〇%環保，也算是往環保往前走了一步。

至於不少人口中大聲嚷嚷，甚至以此黨同伐異的「真環保」，我想直到目前為止，根本就沒有答案。我覺得與其糾結在回收、材質來源，不如好好的去落實少用與重複使用。環保三R中，減量（Reduse）與重複使用（Reuse），絕對比回收（Recycle）來的重要。

或許，每人自備一根可重複使用的吸管喝飲料，會是實際上最可行的解決之道。

環保不能只是喊口號跟趕流行。且實的為地球做些什麼吧！少用，就是真環保。

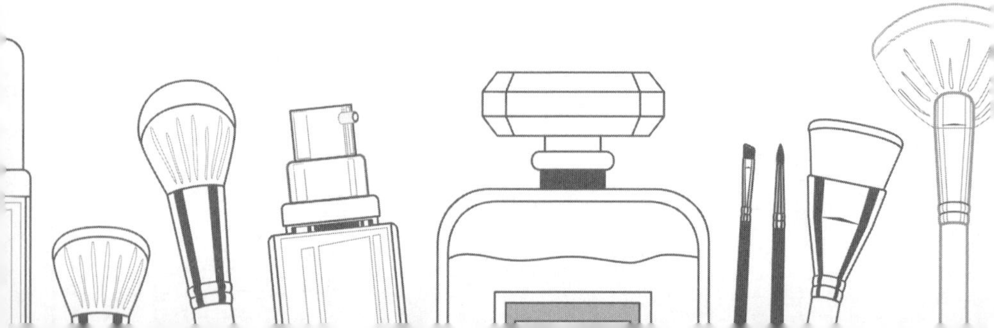

XXX報導

加拿大科學家想知道塑膠製成的茶包在沖泡過程中是否會釋放塑膠微粒，為了進行分析，研究人員在當地咖啡店購買四種不同包裝的茶包，然後把袋子打開取出茶葉，接著將茶包泡在九十五度熱水中，發現單個杯子就放出約一百一十六億顆微塑膠和三十一億顆奈米塑膠，遠超過其他被塑膠污染的食品和飲料……

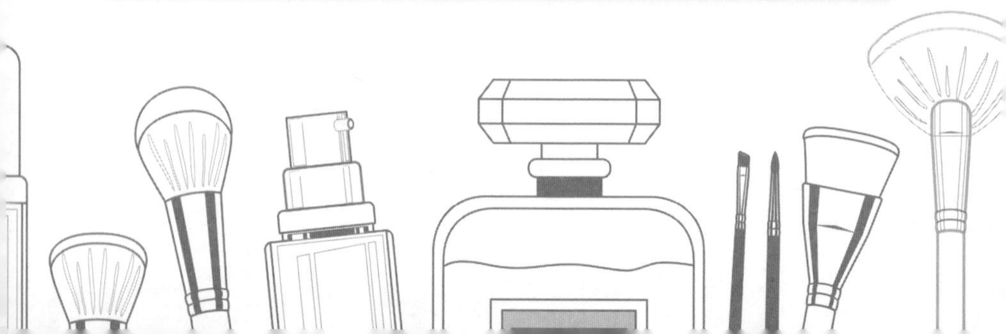

04 你知道嗎，塑膠微粒真的無所不在了！

「愛喝茶包恐喝下百億塑膠微粒！」

「你淋的雨都是塑膠微粒！」

「瓶裝水中都是塑膠微粒！」

這些令人膽顫心驚的標題，是不是讓你感到害怕呢？到底塑膠微粒的問題有多嚴重？我們又要如何保護自己，不受到塑膠微粒的危害呢？

首先要跟大家說明的是，「塑膠微粒」（microbead）不是一個完整的說法，塑膠微粒其實只是一種「微型塑膠」（microplastic）而已。

什麼是微型塑膠？到底從哪裡來？

根據美國國家海洋暨大氣總署（National Oceanic and Atmospheric

Administration, NOAA）的定義，「微型塑膠」（microplastic）指的是小於5mm的塑膠碎片。

「好好地怎麼會有塑膠碎片啊？」

微型塑膠的來源主要有兩種：第一種是一開始製造出來，就是小於5mm的原生微型塑膠（primary microplastics）。射出加工用的塑膠顆粒原料、已被禁用的「去角質柔珠」、彩妝粉底中的吸油顆粒，工業研磨、拋光用的塑膠微粒，都是原生微型塑膠。此外，輪胎的磨損、衣物纖維的耗損、機具中塑膠墊圈、O環的磨損，也算是原生微型塑膠的一種。

第二種則是次級微型塑膠（secondary microplastics），指的是塑膠垃圾在海洋、陸地等自然環境，因為風吹日曬雨淋裂解後，產生的塑膠小碎片。知名的「太平洋垃圾帶」（Great Pacific garbage patch），就是海中微型塑膠的主要來源。

微型塑膠如何進入我們的生活？

目前大部分對微型塑膠的監控，都透過「水」來進行。

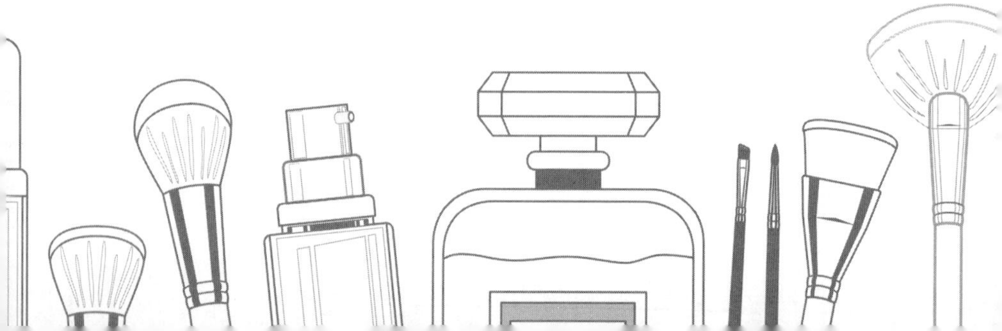

有不少機構與學者針對降雨中的微型塑膠進行調查。美國地質調查局（USGS）的地質學家Gregory Wetherbee的研究報告指出，美國落磯山脈，以及科羅拉多州的雨水中，有不同顏色的微型塑膠。此外，一份歐洲的研究報告也指出，在法國、西班牙邊境的庇里牛斯山的高海拔無人居住地區，降雨中也有微型塑膠。

這些研究指出一項事實：當微型塑膠在環境中散佈之後，會隨著大氣環流與降雨，進入河川、湖泊、海洋，散布各處，也會滲透至地下水。再加上食物鏈中的層層累積……我們可以這麼說，微型塑膠是無所不在的。

茶包跟瓶裝水中的微型塑膠：包裝是關鍵

有研究指出，茶包在熱水會釋放微型塑膠；同樣的報導，也出現在瓶裝水。到底茶包跟瓶裝水中的微型塑膠，是哪裡來的呢？其實關鍵不在水，而在「容器」。

市售茶包的茶質，多半是使用塑膠的，像是PET、尼龍、不織布（PP），只有很少數是棉質跟紙質的。這些塑膠的製造場所中，免不了會有微型塑膠的產生，沾附在茶包上。當你泡茶的時候，就喝下肚子裡了。

瓶裝水的狀況也是一樣：瓶裝水的材質多半都是PET，製造過程中難免有微型塑膠沾附，瓶裝水中有塑膠微粒，也就不足為奇了。而且研究指出，瓶裝水中的微型塑膠含量，可是遠高於自來水的。所以別再覺得瓶裝比較乾淨時尚了，乖乖煮水喝，真的比較安全又安心。

「天啊！那怎麼辦？喝水泡茶都會死、都會得癌症！」

微型塑膠對健康的危害：要正視與注意，但不須恐慌

看完以上的內容，大家可能都已經如坐針氈了。先不要激動。根據WHO在二一九年八月公布的研究報告中表示，目前飲用水中的微型塑膠含量對人體構成的風險是「低」的，並不會對人體健康構成危害。

「怎麼可能！謝博你故意安慰我們的吧？」

微型塑膠對健康的危害，目前並沒有足夠的研究，但有個概念是：微型塑膠對健康的危害，最可怕的是它會吸附重金屬、化學物

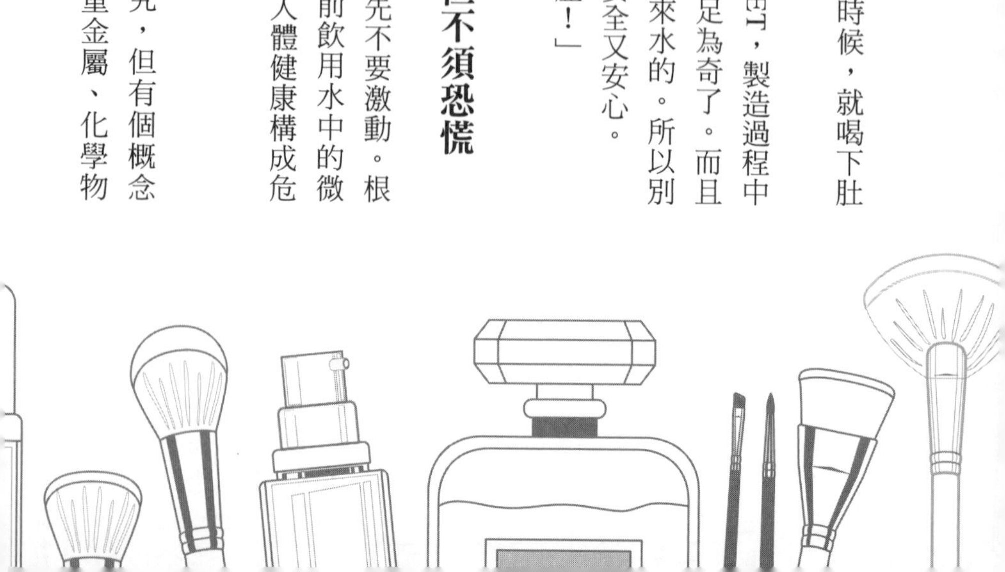

質，進入食物鏈中，影響健康。飲水中的重金屬、塑化劑、微生物、有毒化學物質，都有國家標準也經過檢驗的，所以可以安心，不需要像世界末日一樣恐慌。想要徹底解決這個問題，與其盲目地問該喝什麼水、該避開哪些食物，不如回歸本質：做好塑膠減量。

已經進入大自然的微型塑膠，我們很難徹底清除，但我們可以藉由生活習慣的改變，停止塑膠污染。避免使用一次性塑膠製品，盡可能選擇能重複使用的產品，以及做好分類及回收。簡單說，徹底遵循環保三R：Reuse、Reduce、Recycle的原則，從源頭減少微型塑膠來源，減緩微型塑膠問題惡化，再積極開發替代的材料，才能徹底解決這個問題。

i　健　康　0　4　5

謝玠揚的長化短說 2：跟著化工博士聰明安心過生活！

國家圖書館出版品預行編目 (CIP) 資料

謝玠揚的長化短說 2 : 跟著化工博士聰明安心過生活！ / 謝玠揚著 . -- 初版 . -- 臺北市 : 健行文化出版 : 九歌發行 , 2020.2
面； 公分 . -- (i 健康 ; 45)

ISBN 978-986-98541-2-2(平裝)

1. 化學 2. 常識手冊 3. 問題集

340.22　　108022038

作者── 謝玠揚
責任編輯── 曾敏英
創辦人── 蔡文甫
發行人── 蔡澤蘋
出版── 健行文化出版事業有限公司
台北市 105 八德路 3 段 12 巷 57 弄 40 號
電話／ 02-25776564・傳真／ 02-25789205
郵政劃撥／ 0112295-1

九歌文學網　www.chiuko.com.tw

印刷── 晨捷印製股份有限公司
法律顧問── 龍躍天律師 ・ 蕭雄淋律師 ・ 董安丹律師
初版── 2020 年 2 月
定價── 320 元
書號── 0208045
ISBN── 978-986-98541-2-2
（缺頁、破損或裝訂錯誤，請寄回本公司更換）